周期表

10	11	12	13	14	15	16	17	18
								₂He ヘリウム 4.003
			₅B ホウ素 10.81	₆C 炭素 12.01	₇N 窒素 14.01	₈O 酸素 16.00	₉F フッ素 19.00	₁₀Ne ネオン 20.18
			₁₃Al アルミニウム 26.98	₁₄Si ケイ素 28.09	₁₅P リン 30.97	₁₆S 硫黄 32.07	₁₇Cl 塩素 35.45	₁₈Ar アルゴン 39.95
₂₈Ni ニッケル 58.69	₂₉Cu 銅 63.55	₃₀Zn 亜鉛 65.38	₃₁Ga ガリウム 69.72	₃₂Ge ゲルマニウム 72.63	₃₃As ヒ素 74.92	₃₄Se セレン 78.96	₃₅Br 臭素 79.90	₃₆Kr クリプトン 83.80
₄₆Pd パラジウム 106.4	₄₇Ag 銀 107.9	₄₈Cd カドミウム 112.4	₄₉In インジウム 114.8	₅₀Sn スズ 118.7	₅₁Sb アンチモン 121.8	₅₂Te テルル 127.6	₅₃I ヨウ素 126.9	₅₄Xe キセノン 131.3
₇₈Pt 白金 195.1	₇₉Au 金 197.0	₈₀Hg 水銀 200.6	₈₁Tl タリウム 204.4	₈₂Pb 鉛 207.2	₈₃Bi ビスマス 209.0	₈₄Po ポロニウム (210)	₈₅At アスタチン (210)	₈₆Rn ラドン (222)
₁₁₀Ds ダームスタチウム (281)	₁₁₁Rg レントゲニウム (280)	₁₁₂Cn コペルニシウム (285)	₁₁₃Nh ニホニウム (284)	₁₁₄Fl フレロビウム (289)	₁₁₅Mc モスコビウム (288)	₁₁₆Lv リバモリウム (293)	₁₁₇Ts テネシン (293)	₁₁₈Og オガネソン (294)
		+2	+3	/	-3	-2	-1	/
			ホウ素族	炭素族	窒素族	酸素族	ハロゲン	希ガス元素
				典型元素				

₆₄Gd ガドリニウム 157.3	₆₅Tb テルビウム 158.9	₆₆Dy ジスプロシウム 162.5	₆₇Ho ホルミウム 164.9	₆₈Er エルビウム 167.3	₆₉Tm ツリウム 168.9	₇₀Yb イッテルビウム 173.1	₇₁Lu ルテチウム 175.0
₉₆Cm キュリウム (247)	₉₇Bk バークリウム (247)	₉₈Cf カリホルニウム (252)	₉₉Es アインスタイニウム (252)	₁₀₀Fm フェルミウム (257)	₁₀₁Md メンデレビウム (258)	₁₀₂No ノーベリウム (259)	₁₀₃Lr ローレンシウム (262)

あなたと化学

くらしを支える化学 15 講

齋藤 勝裕 著

裳華房

Chemistry in Your Life

by

Katsuhiro SAITO

SHOKABO
TOKYO

まえがき

　本書は、大学初年度向けの基礎化学の教科書、参考書として作られたものである。本書の一番の特色は、理工系学生諸君だけでなく、広く文系の学生諸君にも読んでもらえるように作ってあることである。

　これは、決してむやみに易しくしてあるということではない。広い範囲の学生諸君、読者の皆さんに興味を持っていただけるように、内容を厳選し、そのバランス、相互関係に気を配ったということである。

　そのため、書名も『あなたと化学』という、教科書らしからぬ名前にした。変な名前の本だと思う方もおられるだろうが、それだけ、貴方の身近な話題、疑問に答えられるように作ったとの製作スタッフの気持ちの現れと思っていただければ嬉しい。

　本書の体裁上の特色は、側注が多いということである。パラパラとめくっていただければわかるように、ほとんど全ページ、側注で埋まっている。これは、情報量を多くしたいという気持ちとともに、話の流れを見失わないでいただきたいとの配慮からである。

　あくまでも化学の本筋は本文に書いてある通りである。側注はそれを補うための、いわば脇役の知識である。この脇役を本文の中に入れてしまうと、大切な話の本筋が見えなくなってしまう。そのため、わき役として側注に入れたものである。とはいうものの、読者諸君にとって身近な話題、知識はむしろ側注の方に多いのではなかろうか？

　側注の話題にはいろいろの種類があるので、わかりやすいように三種類に分類した。

 ワンポイントレッスン：ちょっと進んだ化学や技術の話。

 耳よりな話：暮らしにまつわる豆知識。

 化学の巨人：現代化学を築いた巨人たち。

である。これら側注を拾い読みするだけで、気づかぬうちに、楽しみながら化学の知識を身に付けることができるものと思う。

　化学は物質を扱う研究分野である。そして、宇宙は物質からできている。したがって、化学はこの宇宙の全ての事物、現象をその研究対象としている。空気や水はもちろん、岩石、金属、食品、薬品、毒物、何でも化学の研究対象である。生命体もそうであり、人間もまた研究対象である。

本書は二部構成、全15章から成り立っている。第Ⅰ部は「化学の基礎」である。まずは物質を構成する基本粒子である原子と分子を眺め、次いで空気、水と移っていく。化学は物質を扱うが、物質の変化にはエネルギー変化が伴う。炭が燃えれば二酸化炭素ができるだけではない。熱が出て炭が輝く。熱も光もエネルギーである。エネルギーを理解すると、化学反応の本質が見えてくる。次に金属を眺め、有機物と生命体を眺める。

　第Ⅱ部は「生活と化学」である。日常生活で出会うさまざまな現象を化学の観点から眺めようというものである。第Ⅰ部で培った化学の基礎が役に立つ。シャボン玉はありふれた物であるが、その化学的意味は深い。生命を支える細胞膜と直結している。次に食品を眺め、医薬品、毒物へと移っていく。その次はプラスチックである。プラスチックの無い現代生活は考えることができない。

　現代社会はまた、エネルギーの上に成り立っている。そのエネルギーで最も使用範囲の広いものは電気エネルギーであろう。電気は電子の流れであり、化学現象の一種なのである。化学電池、燃料電池、太陽電池、果ては原子力発電、全ては化学の領域である。

　そして、化学の活動は家庭の中に入り、私たちの生活をすみずみに至るまで支えてくれる。調理、洗濯、家庭園芸、書斎道具、全ては化学の産物を利用するものである。最後に忘れてならないのが環境と化学の関係である。化学を含めて人間の活動はなにがしかの廃棄物を発生し、それは環境を劣化させる。しかし、劣化した環境を回復するのもまた化学なのである。

　本書はこのような内容と、このようなコンセプトを備えた本である。本書を読み終えたときには、皆さんの自然、社会現象を見る目は変わっていることだろう。自然現象、人間の社会活動の奥に潜む本質に、知らず知らずのうちに目が向いているものと思う。

　最後に、本書作成に努力を惜しまなかった裳華房の小島敏照氏に感謝申し上げる。

2015年8月

齋藤　勝裕

目　次

第Ⅰ部　化学の基礎

第1章　原子と分子が全てをつくる
― 原子の構造と化学結合 ―

1・1　原子の誕生と成長 …………… 2	1・5　化学結合 …………………… 6
1・2　原子構造 ……………………… 3	1・6　分子 ………………………… 8
1・3　原子核構造 …………………… 4	演習問題 …………………………… 10
1・4　周期表 ………………………… 5	

第2章　私たちは空気で囲まれている
― 気体の状態と性質 ―

2・1　空気の組成 …………………… 11	2・4　気体の重さ ………………… 13
2・2　気体の体積 …………………… 11	2・5　気体の性質 ………………… 14
2・3　状態方程式 …………………… 12	演習問題 …………………………… 17

第3章　地球は水の惑星
― 水の特性と物質の状態 ―

3・1　水の構造 ……………………… 18	3・5　超臨界状態 ………………… 21
3・2　水素結合 ……………………… 19	3・6　アモルファス ……………… 22
3・3　状態 ………………………… 19	3・7　液晶 ………………………… 22
3・4　状態図 ………………………… 20	演習問題 …………………………… 24

第4章　炭が燃えると熱くなる
― 化学反応とエネルギー変化 ―

4・1　酸化・還元 …………………… 25	4・5　いろいろの反応 …………… 29
4・2　酸・塩基 ……………………… 26	4・6　遷移状態と活性化エネルギー … 30
4・3　反応エネルギー ……………… 27	4・7　触媒反応 …………………… 31
4・4　反応速度 ……………………… 28	演習問題 …………………………… 32

第5章　元素の80％は金属元素
― 金属の多彩な性質 ―

5・1　金属元素の種類 ……………… 33	5・3　金属結合 …………………… 34
5・2　金属元素の条件 ……………… 33	5・4　電気伝導性 ………………… 35

5・5	合　金 …………………………… 36	5・7	レアメタル・レアアース …… 38
5・6	ふしぎな金属 …………………… 36		演習問題 …………………………… 40

第6章　有機物は炭素でできている
　　　　　－有機化学超入門－

6・1	有機化合物の結合と構造 ……… 41	6・5	異性体 …………………………… 48
6・2	炭素だけでできた分子の構造 … 43	6・6	化石燃料 ………………………… 49
6・3	置換基 …………………………… 44		演習問題 …………………………… 50
6・4	有機化合物の性質 ……………… 44		

第7章　生命体をつくるもの
　　　　　－生体分子の世界－

7・1	生命体の条件 …………………… 51	7・5	核　酸 …………………………… 57
7・2	糖　類 …………………………… 52	7・6	ビタミン・ホルモン …………… 58
7・3	脂　質 …………………………… 54		演習問題 …………………………… 60
7・4	タンパク質 ……………………… 55		

第II部　生活と化学

第8章　シャボン玉のふしぎ
　　　　　－分子膜のはたらき－

8・1	セッケン ………………………… 62	8・5	洗　濯 …………………………… 65
8・2	分子膜 …………………………… 62	8・6	細胞膜 …………………………… 66
8・3	ミセル …………………………… 64	8・7	分子膜の機能 …………………… 67
8・4	シャボン玉 ……………………… 64		演習問題 …………………………… 69

第9章　私たちの食べているもの
　　　　　－食料品の化学－

9・1	主　食 …………………………… 70	9・5	食品添加物 ……………………… 74
9・2	副　食 …………………………… 71	9・6	栄養を補助するもの …………… 76
9・3	酒　類 …………………………… 72		演習問題 …………………………… 77
9・4	調味料 …………………………… 73		

第10章　毒と薬は同じもの？
　　　　　－医薬品と毒物の化学－

10・1	天然医薬品と合成医薬品 ……… 78	10・3	抗生物質 ………………………… 79
10・2	アスピリン ……………………… 78	10・4	抗がん剤 ………………………… 80

10・5	毒　物 ……………………………… 81	演習問題 ……………………………………… 86
10・6	麻薬・覚醒剤 …………………… 85		

第11章　プラスチックってなんだろう？
－高分子の化学－

11・1	高分子ってなんだろう？ ……… 87	11・5	熱硬化性高分子 ………………… 92
11・2	ポリエチレン …………………… 88	11・6	機能性高分子 …………………… 93
11・3	ナイロンとペット ……………… 89	演習問題 ……………………………………… 95
11・4	プラスチックと合成繊維 ……… 91		

第12章　電気ってなんだろう？
－発光と化学エネルギー－

12・1	化学電池 ………………………… 96	12・5	水銀灯・蛍光灯 ………………… 101
12・2	燃料電池 ………………………… 97	12・6	発光ダイオード、有機EL ……… 102
12・3	太陽電池 ………………………… 98	12・7	生物発光 ………………………… 102
12・4	電気分解・電気メッキ ………… 100	演習問題 ……………………………………… 103

第13章　原子力と電力の関係って？
－原子力と放射線の化学－

13・1	原子核反応 ……………………… 104	13・5	原子炉 …………………………… 108
13・2	放射能 …………………………… 104	13・6	高速増殖炉 ……………………… 109
13・3	核融合と核分裂 ………………… 106	演習問題 ……………………………………… 110
13・4	原子力発電 ……………………… 107		

第14章　家庭は化学実験室
－家庭の化学－

14・1	キッチン、バスで使うもの …… 111	14・4	ガーデンで使うもの …………… 115
14・2	リビングで使うもの …………… 112	14・5	家屋に使うもの ………………… 116
14・3	デスクで使うもの ……………… 114	演習問題 ……………………………………… 117

第15章　環境は化学で成り立っている
－化学からみた地球環境－

15・1	四大公害病 ……………………… 118	15・5	酸性雨 …………………………… 124
15・2	公害類似物質 …………………… 119	15・6	エネルギー問題 ………………… 126
15・3	オゾンホール …………………… 121	演習問題 ……………………………………… 126
15・4	地球温暖化 ……………………… 122		

演習問題解答 ……… 127　　索　引 ……… 133

viii　目　次

コラム

原子核のエネルギー……………… 3	人 工 細 胞 ……………………… 66
電子の居場所 …………………… 10	発 酵 食 品 ……………………… 77
ハーバー-ボッシュ法 …………… 15	青 酸 カ リ ……………………… 86
地球上の水の種類 ……………… 19	透明プラスチック ……………… 91
ガラスの学校？ ………………… 22	古 代 電 池 ……………………… 103
化学カイロと冷却パック ……… 32	放射線ホルミシス ……………… 110
宝石・貴金属 …………………… 40	空はなぜ青い・夕空はなぜ赤い …… 114
ダイヤモンドと金 ……………… 50	フロンによるオゾンの破壊 …… 122
ミトコンドリア ………………… 52	

側 注 の 凡 例

 ワンポイント・レッスン（ちょっと進んだ化学や技術の話）

 耳よりな話（暮らしにまつわる豆知識）

 化学の巨人（現代化学を築いた巨人たち）

第 I 部 化学の基礎

第 1 章

原子と分子が全てをつくる
― 原子の構造と化学結合 ―

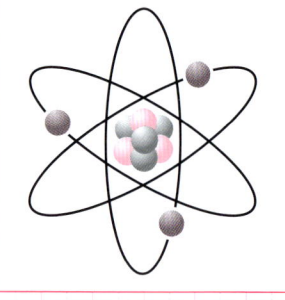

　現代の宇宙論によれば、宇宙の 68 % はダークエネルギー、27 % はダークマターでできているという。これらは人間が実感することのできないものである。人間が実感できるのは残りの 5 % ほどの部分であり、これが一般にいう物質に相当する。すなわち、人間が実感できる宇宙は物質からできており、そして全ての物質は原子からできている。原子は集合し、結合して分子となり、分子が集合したものが物質であると考えることができる。化学は物質を扱う研究分野であり、したがって、化学の根幹をなすものは原子と分子に関する知見である。

1・1　原子の誕生と成長

　原子は宇宙の誕生と同時に誕生した。現代宇宙論によれば、宇宙の誕生は今から 138 億年前に起きた大爆発、**ビッグバン**によるものと考えられている。ある一点で起きたこの爆発は、全ての物質だけでなく、空間、時間までをも作った。すなわち、宇宙の全てはこのビッグバンによってできたのである。

A　核融合

　このときできた物質のほとんど全ては水素原子 H であり、ごくわずかのヘリウム He が混じっていたという。これらの原子は膨張しつつある宇宙空間に霧のように漂ったが、やがて濃淡が生じた。その結果、濃い所は重力が大きくなってさらに多くの水素原子を引き付け、圧縮によって高熱となり、水素原子の融合が起こった。
　この**核融合**から、ヘリウム He と**核融合エネルギー**が生じ、これが太陽などの**恒星**となった。このように恒星では水素がヘリウムとなり、水素が反応し尽くすと、今度はヘリウム同士が核融合してベリリウム Be となる、というように、次々と大きな原子が誕生していった。すなわち、恒星は原子の成長の地ということができよう。

B　超新星爆発

　しかし、このような成長も鉄 Fe でおしまいとなった。核融合によって鉄より大きな原子が作られても、核融合エネルギーは発生しない。この結果、恒星はエネルギーを失い、膨張する力を失って反対に収縮し、

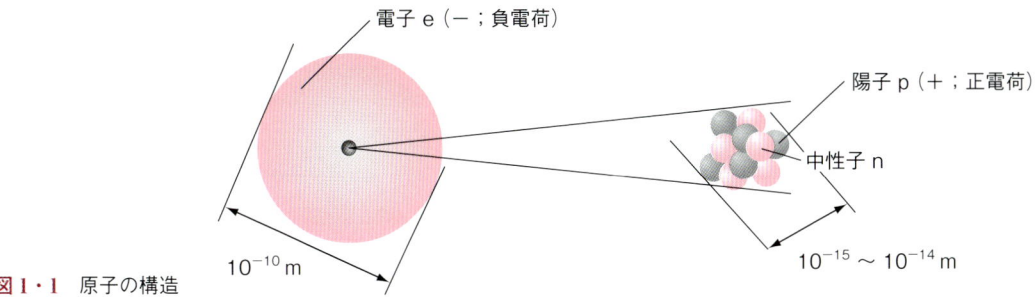

図 1・1 原子の構造

中性子星などになり、やがてエネルギーバランスを失って大爆発を起こした。この**超新星爆発**によって生じたのが、鉄より大きな原子である。

1・2 原子構造（図1・1）

原子は、簡単にいえば雲でできた球である。雲は水素の場合を除けば、複数個の**電子**（記号 e）からできている（水素では電子は 1 個だけである）。球の中心には小さくて重い（高密度の）**原子核**がある。原子には、水素のように小さなものからウラン U のように大きなものまでいろい

コラム　原子核のエネルギー

全ての物質は固有のエネルギーを持っている。原子核も同様である。原子核のエネルギーは質量数に依存しており、その関係は**図**のようになっている。すなわち、水素やヘリウムのような小さな原子の原子核も、反対にウランのように大きな原子の原子核も、高エネルギーで不安定であり、最も安定なのは質量数 60 の鉄程度の大きさの原子核である。

したがって、小さな原子核が融合して大きくなれば、余分なエネルギーが放出されることになる（このような反応を一般に発熱反応という）。これが太陽などの恒星を輝かせ、水素爆弾を爆発させ、核融合発電のエネルギーとなる核融合エネルギーである。しかし、鉄より大きな原子核が融合しても余分なエネルギーは発生しない。むしろ高エネルギーの原子核になるので、このような原子核を無理に核融合させるためには外部からエネルギーを加えなければ

ばならない。このような、エネルギーを吸収する反応を一般に吸熱反応という。

鉄より大きな原子核を、融合ではなく、分裂させて小さくすればエネルギーを生じることになる。このようなエネルギーが核分裂エネルギーであり、原子爆弾や現在の原子力発電のエネルギーである（☞ 13・3 節参照）。

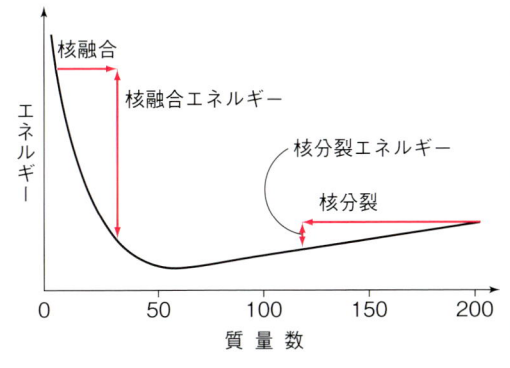

ナノテク
10^{-10} m（0.1 nm（ナノメートル））。ナノテクはナノメートル（10^{-9} m）スケールの物体を扱う技術のことであり、それは原子直径の10倍、すなわち大きめの分子を扱う技術である。このように、ナノテクは本来は分子を扱う化学技術から派生した技術のことである。

「原子」と「元素」
"原子"は1個、2個と数えることのできる物質である。したがって、同位体はそれぞれ異なる原子である。それに対して"元素"は、原子番号が同じ原子の集団に付けられた名前である。同位体は全て同一の元素になる。喩えれば、"あなた、私"などの個々の人は原子であり、"日本人"は元素である。

質量数の定義
正確にいえば、炭素の同位体 ^{12}C の相対質量を12と定義して、それとの相対値によって決めた値。

ろあるが、その直径は 10^{-10} m のオーダーである。

一方、原子核の直径はおおよそ $10^{-15} \sim 10^{-14}$ m であり、比較的大きな原子核でも原子の1万分の1程度である。これは、原子核の直径を1 cm とすると原子の直径は1万 cm、すなわち100 m になることを意味する。しかも、原子の重さの99.9％以上は原子核にある。つまり、電子は体積だけあって質量0のようなものである。

本書を通じて出てくる**化学反応**は、このような電子が起こすものである。原子核が起こす反応は**原子核反応**といって、化学反応とは別種なものである。

1・3 原子核構造

原子核は**陽子**（記号 p）と**中性子**（記号 n）からできている。それぞれの電荷と質量は**表1・1**に示した通りである。原子を構成する陽子の個数を**原子番号**（記号 Z）、陽子の個数と中性子の個数の和を**質量数**（記号 A）という（**図1・2**）。原子は陽子の個数（Z）と同じ個数の電子を持つ。そのため、原子は電気的に中性である。

表1・1　原子の構成因子

名称		記号	電荷	質量
	電子	e	$-e(-1)$	9.1091×10^{-31} kg
原子核	陽子	p	$+e(+1)$	1.6726×10^{-27} kg
	中性子	n	0	1.6749×10^{-27} kg

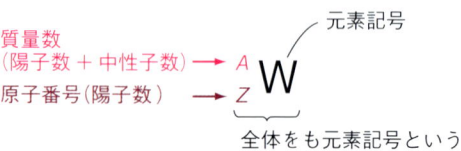

図1・2　原子の表記（元素記号）

A　同位体

原子には、原子番号は同じで、質量数の異なるものがある。すなわち、陽子数が同じで中性子数が異なるものである。このような原子を互いの**同位体**という（**表1・2**）。水素では ^{1}H（軽水素）、^{2}H（D、重水素）、^{3}H（T、三重水素）の三種がよく知られており（**図1・3**）、原子炉で用いられるウランでは ^{235}U と ^{238}U がよく知られている（☞13・5節参照）。

同じ元素でも同位体の存在量（すなわち同位体存在比）は大きく異な

表 1・2 さまざまな元素の同位体

元素名	水素			炭素		酸素		塩素		ウラン	
記号	^{1}H (H)	^{2}H (D)	^{3}H (T)	^{12}C	^{13}C	^{16}O	^{18}O	^{35}Cl	^{37}Cl	^{235}U	^{238}U
陽子数	1	1	1	6	6	8	8	17	17	92	92
中性子数	0	1	2	6	7	8	10	18	20	143	146
存在比%	99.98	0.015	~0	98.89	1.11	99.76	0.20	75.53	24.47	0.72	99.28

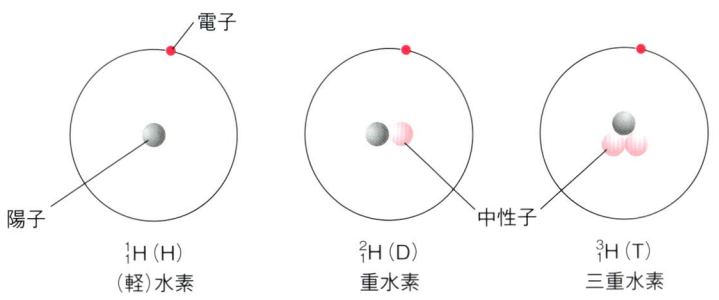

図1・3 水素の同位体の構造

ることが多い。水素はそのほとんどが ^{1}H であり、ウランでは原子炉の燃料になる ^{235}U は 0.7 % に過ぎない。

B 原子量とモル

原子の相対的な質量を表した数値が**原子量**である。原子量は簡単にいえば、その原子(原子番号が同じ原子)の全同位体の質量数の(荷重)平均である。したがって、同位体存在比が変化すれば原子量も変化する。

原子1個の質量は無視できるほど小さいが、たくさん集まれば重くなる。原子集団の重さが、原子量にgを付けた重さ(原子量g)になったときの原子の個数が**アボガドロ数**(6×10^{23})である。

鉛筆12本の集団を1ダースというのと同じように、アボガドロ数個の原子、分子の集団を**1モル**という。

1・4 周 期 表

原子を原子番号の順に並べ、適当な位置で折り返した表が**周期表**である(**図1・4**;表紙見返しも参照)。一か月の日にちを順に並べ、7日ごとに折り返したカレンダーのようなものである(☞5・1節参照)。

周期表で大切なのは、その上部にある1〜18までの数字である。そ

 アボガドロ

Avogadro (1776〜1856)
イタリアの化学者・物理学者。アボガドロの法則を提唱した。

アボガドロ定数
1モル当たりの分子数ということで、6×10^{23} mol^{-1} をアボガドロ定数という。

典型元素と遷移元素
典型元素には、金属元素、非金属元素、常温で気体、液体、固体の元素などがあるが、遷移元素は全てが常温で固体の金属元素である。そのため、遷移金属元素とも呼ばれる。

族\周期	1	2	3	4	5	6	7	8	9	10	11	12	13	14	15	16	17	18
1	H 水素																	He ヘリウム
2	Li リチウム	Be ベリリウム		典型元素		遷移元素							B ホウ素	C 炭素	N 窒素	O 酸素	F フッ素	Ne ネオン
3	Na ナトリウム	Mg マグネシウム											Al アルミニウム	Si ケイ素	P リン	S 硫黄	Cl 塩素	Ar アルゴン
4	K カリウム	Ca カルシウム	Sc スカンジウム	Ti チタン	V バナジウム	Cr クロム	Mn マンガン	Fe 鉄	Co コバルト	Ni ニッケル	Cu 銅	Zn 亜鉛	Ga ガリウム	Ge ゲルマニウム	As ヒ素	Se セレン	Br 臭素	Kr クリプトン
5	Rb ルビジウム	Sr ストロンチウム	Y イットリウム	Zr ジルコニウム	Nb ニオブ	Mo モリブデン	Tc テクネチウム	Ru ルテニウム	Rh ロジウム	Pd パラジウム	Ag 銀	Cd カドミウム	In インジウム	Sn スズ	Sb アンチモン	Te テルル	I ヨウ素	Xe キセノン
6	Cs セシウム	Ba バリウム	ランタノイド*1	Hf ハフニウム	Ta タンタル	W タングステン	Re レニウム	Os オスミウム	Ir イリジウム	Pt 白金	Au 金	Hg 水銀	Tl タリウム	Pb 鉛	Bi ビスマス	Po ポロニウム	At アスタチン	Rn ラドン
7	Fr フランシウム	Ra ラジウム	アクチノイド*2	Rf ラザホージウム	Db ドブニウム	Sg シーボーギウム	Bh ボーリウム	Hs ハッシウム	Mt マイトネリウム	Ds ダームスタチウム	Rg レントゲニウム	Cn コペルニシウム	Nh ニホニウム	Fl フレロビウム	Mc モスコビウム	Lv リバモリウム	Ts テネシン	Og オガネソン

*1 ランタノイド	La ランタン	Ce セリウム	Pr プラセオジム	Nd ネオジム	Pm プロメチウム	Sm サマリウム	Eu ユウロピウム	Gd ガドリニウム	Tb テルビウム	Dy ジスプロシウム	Ho ホルミウム	Er エルビウム	Tm ツリウム	Yb イッテルビウム	Lu ルテチウム
*2 アクチノイド	Ac アクチニウム	Th トリウム	Pa プロトアクチニウム	U ウラン	Np ネプツニウム	Pu プルトニウム	Am アメリシウム	Cm キュリウム	Bk バークリウム	Cf カリホルニウム	Es アインスタイニウム	Fm フェルミウム	Md メンデレビウム	No ノーベリウム	Lr ローレンシウム

図 1・4　周期表

超ウラン元素
自然界に存在するのは原子番号 92 のウランまでであり、それより大きい元素は原子炉等を用いて人工的に作ったものなので超ウラン元素という。なお、自然界には存在せず人工的に作られた元素には、超ウラン元素の他に、テクネチウム Tc (原子番号 43)、プロメチウム Pm (61)、アスタチン At (85)、フランシウム Fr (87) がある。

身の回りの原子
一般にわれわれが実生活で接するものは分子の集合体であり、原子に接することは少ない。しかし、風船に詰めるヘリウムガスはヘリウム原子 He の集合体であり、また、空気中に 1% ほど含まれ、空気中で 3 番目に多い気体はアルゴン Ar の原子である。

化学結合
化学結合は重力などと同様に、2 個の物体の間に働く引力であるが、非常に近い距離でしか働かないという特色がある。

れぞれの数字の縦に並ぶ元素群は、その数字 (○) に倣って ○ 族元素と呼ばれる。周期表は元素の戸籍のようなものであり、あらゆる意味で有用で大切なものである。その意味は、本書のページを繰るごとに明らかになってくるであろう。

　族のうち、1、2 族と 12～18 族のものを**典型元素**、それ以外のものを**遷移元素**という。典型元素では、同じ族の元素は同じような性質を持つ。しかし遷移元素では、そのような性質の類似は認めがたい。3 族のうち、**ランタノイド**、**アクチノイド**はそれぞれ 15 個ずつの元素集団であり、周期表本体部分の一マスに収まらないので、下部に付録のように付け足して示すのが一般的である。

1・5　化学結合

　原子は集合し、結合して**分子**を作る。この結合を**化学結合**といい、主にイオン結合、金属結合、共有結合に分類できる。金属結合は第 5 章で見ることにして、ここでは他の二種について見てみよう。

A　イオン結合（図1・5）

電気的に中性な原子が1個の電子を放出すると、原子核の正電荷が1だけ余計になり、原子は全体として＋1の電荷を帯びる。このようなものを**陽イオン**という。反対に1個の電子を受け取ると電子雲の負電荷が1だけ余計になり、全体として－1の電荷を帯びて**陰イオン**となる。

陽イオンと陰イオンの間には静電引力が働く。このようにしてできた結合を**イオン結合**という。塩化ナトリウム（食塩）NaClが典型である。

イオン結合の結晶

図はNaClの結晶である。多くのNa$^+$とCl$^-$が整然と並んでいるが、NaClという2個のイオンでできた"粒子"を指摘することはできない。イオン結合ではこのように、分子式で表される分子は存在しない。

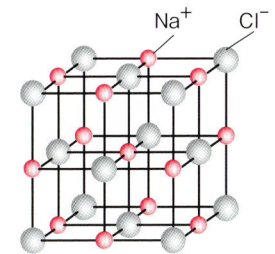

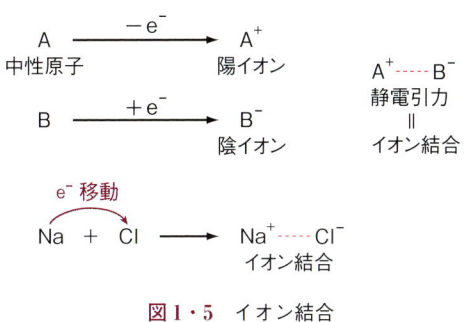

図1・5　イオン結合

B　共有結合

炭素と水素を主体とした有機化合物などを作る結合である。結合する2個の原子が互いに1個ずつの電子を出し合い、それを結合電子として共有することで成り立つ結合である（**図1・6**）。

すなわち、正に荷電した2個の原子核の間に負に荷電した結合電子が存在するのである。この結果、原子核と結合電子の間に静電引力が生じ、結果として2個の原子核は結合電子を"糊"として結合するのである。

共有結合は原子同士の握手に喩えるとわかりやすい。各原子は握手するための手、結合手を持っており、その本数は原子に固有である。すなわち、**表1・3**に示したように、水素H＝1本、炭素C＝4本、窒素N＝3本、塩素Cl＝1本、などである。共有結合には2本の結合手で結合した二重結合、3本で結合した三重結合などもある。

分子間力とは

結合には原子間に働くものばかりでなく、分子間に働くものもある。しかし、分子間の結合は弱いので結合とは呼ばず、一般に**分子間力**と呼ぶ。3・2節で見る**水素結合**はその典型である。

化合物・単体・同素体

H$_2$Oのように多種類の原子からできた分子を**化合物**といい、H$_2$やO$_2$のようにただ一種類の原子からできた分子を**単体**ということがある。また、酸素分子O$_2$とオゾン分子O$_3$のように、互いに同じ原子からできた単体同士を**同素体**と呼ぶ。ダイヤモンドと、鉛筆の芯になるグラファイト（黒鉛）は、炭素の同素体である（6・2節参照）。

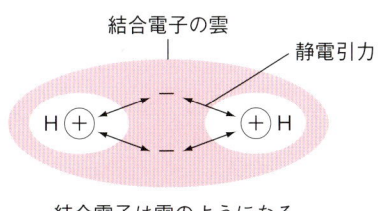

結合電子は雲のようになる

図1・6　共有結合のでき方

表1・3　不対電子の個数と結合手

	H	Li	Be	B	C	N	O	F	Ne	Cl
不対電子	1	1	0	1	2	3	2	1	0	1
結合手の数	1	1	2	3	4	3	2	1	0	1

1・6 分　子

　分子を構成する原子の種類とその個数を表した記号(式)を**分子式**という。1個の酸素原子Oと2個の水素原子Hからなる水の分子式はH$_2$Oであり、6個ずつの炭素Cと水素Hからなるベンゼンは C$_6$H$_6$ である。

　分子を構成する全原子の原子量の総和を**分子量**という。水の分子量は $1 \times 2 + 16 = 18$ であり、ベンゼンは $12 \times 6 + 1 \times 6 = 78$ となる。

　共有結合でできた分子は固有の構造を持つ。これを**分子構造**という。代表的なものを見てみよう(図1・7)。

a　**メタン** CH$_4$：炭素と水素の結合手の関係で、1個の炭素は4個の水素と結合することができるので、メタンができるのである。4本のC-H結合は互いに109.5度の角度を持ち、この結果、メタンは波消しブロックのテトラポッドに似た正四面体構造となる。

b　**アンモニア** NH$_3$：窒素の3本の結合手は、炭素の4本の結合手のうちの3本に相当する。そのため、結合手の間の角度は109.5度に近い角度(正確には107度)であり、この結果、アンモニアの形は三角錐形となる。

c　**水** H$_2$O：酸素の2本の結合手も炭素と類似しており、その結果、水はくの字形に曲がった構造である(角度は104.5度)。

d　**エチレン** C$_2$H$_4$：炭素同士は2本ずつの結合手による握手で二重結合をし、残る2本ずつの手で水素と結合する。この結果、エチレンは平面形の分子である。

e　**アセチレン** C$_2$H$_2$：炭素同士は3本ずつの結合手で三重結合を作り、残る手で水素と結合する。この結果、アセチレンは直線形である。

f　**ベンゼン** C$_6$H$_6$：6個の炭素が単結合(一重結合)と二重結合で六員環を作り、残る手で6個の水素と結合する。したがって平面形の分子である。

🔊 メタン・エチレン・ベンゼン

メタンは天然ガスの主成分であり、都市ガスに使われる。エチレンは植物の熟成ホルモンであり、例えば青いバナナに吸収させると黄色く熟す。ベンゼンは**芳香族化合物**と呼ばれる一群の化合物の典型であり、特有の匂いを有する液体である。各種化学工業の原料として重要であるが、発がん性があるので取扱いには注意が必要である。

🔊 アセチレン

アセチレンは、無機物である炭化カルシウム(カルシウムカーバイド)CaC$_2$を水に入れると発生する気体である。この反応は無機物から有機物(アセチレン)を発生するという意味で珍しい反応である。

$$CaC_2 + H_2O \rightarrow C_2H_2 + CaO$$

アセチレンと酸素の混合気体に着火すると、高温(約3300℃)の炎、酸素アセチレン炎を発する。これは鉄の溶接などに用いられる。また、導電性高分子、ポリアセチレン(☞ 11・6節参照)の原料でもある。

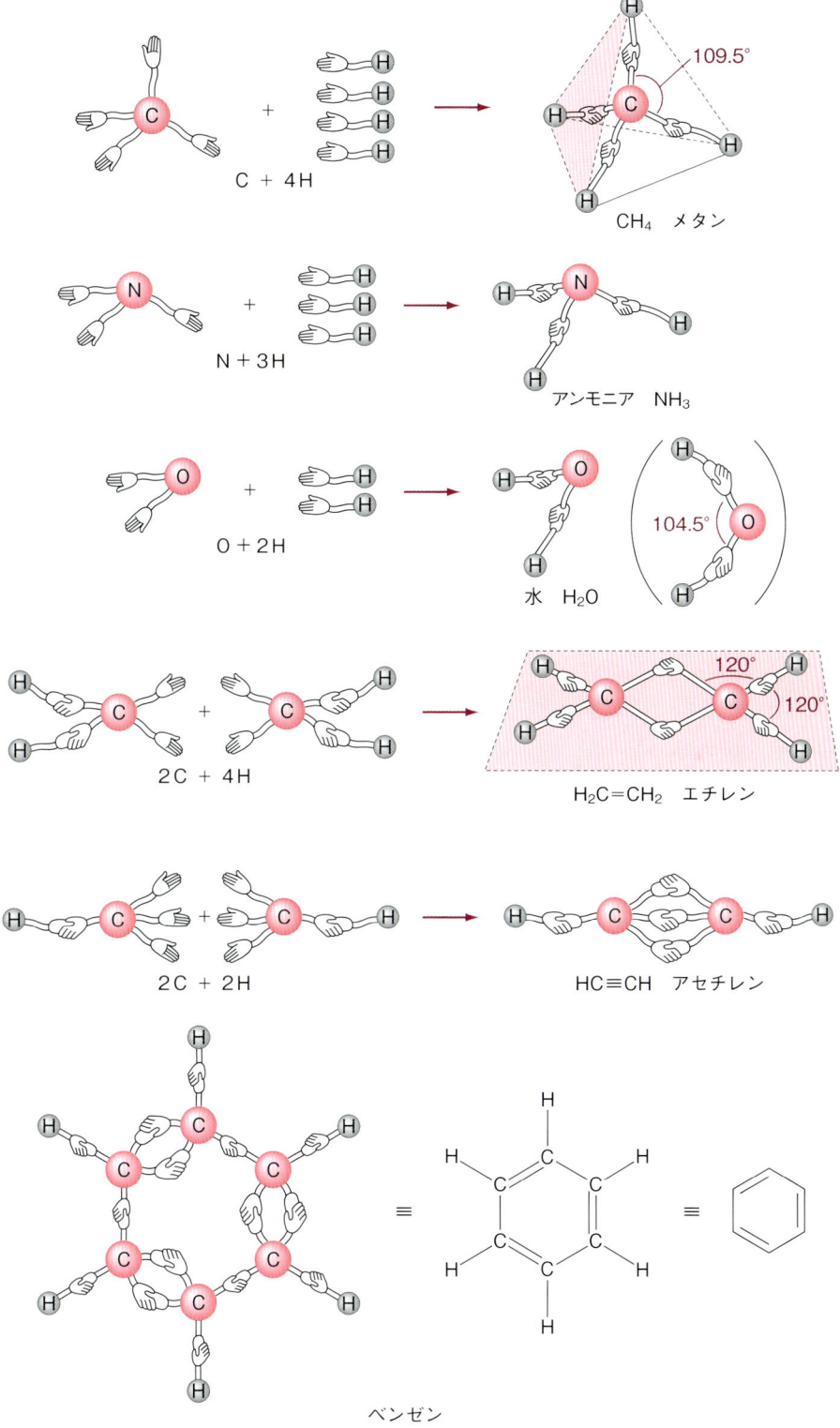

図1・7 共有結合でできた代表的な分子の構造

コラム　電子の居場所

電子は粒子と考えることができる。粒子である電子が雲のように見えるのは、次のように考えると理解しやすいであろう。すなわち、原子核をフィルムの中心に来るようにして原子の写真を撮るのである（図）。原子核の周りを移動し続ける電子は、写真を撮るごとに異なった位置で写る。このような写真をたくさん撮って、それを1枚に重ね焼きするのである。すると、電子の居る確率の高い所ほど、電子が重なって濃くなり、その様子は雲のようになる。すなわち電子雲は電子の存在確率の図表表示なのである。

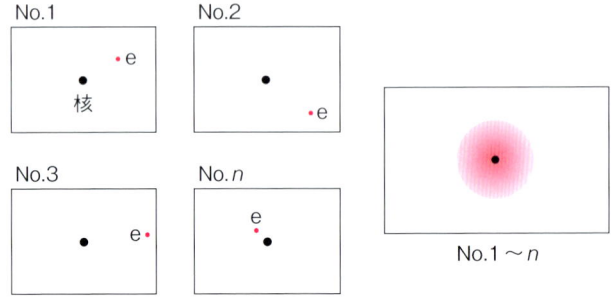

演習問題

1.1　原子と分子の違いを述べよ。
1.2　原子と元素の違いを述べよ。
1.3　原子と電子、陽子、中性子との関係を述べよ。
1.4　同位体とは何か説明せよ。
1.5　化学結合にはどのようなものがあるか？
1.6　次の原子の原子番号と共有結合における結合手は何本か？
　　　H、C、N、O
1.7　アボガドロ定数の数値を答えよ。
1.8　次の分子の分子量はそれぞれいくつか？
　　　H_2、N_2、O_2、H_2O、NH_3、CH_4、H_2CO（ホルムアルデヒド）
1.9　次の分子の分子量、構造式を書け。
　　　水、アンモニア、メタン、エタン、エチレン、アセチレン
1.10　典型元素、遷移元素とはそれぞれ何か？

第 2 章

私たちは空気で囲まれている
― 気体の状態と性質 ―

　私たちの肌は下着に接している。肌と下着の間には何も無いように見えるが、実は空気が存在する。空気は窒素という分子と酸素という分子の混合物であり、分子は物質である。すなわち、私たちは空気という物質でビッシリと覆われているのである。空気は気体であり、気体分子は一瞬も休まず、飛行機のような高速で飛び回っている。当然、私たちの肌に衝突する。この衝撃を私たちは圧力と感じているのである。

2・1　空気の組成

　空気の組成は**表 2・1**に示した通りである。体積換算でほぼ 80 % が窒素 N_2、20 % が酸素 O_2 である。そして 3 番目に多いのが原子の気体であるアルゴン Ar であり、ほぼ 1 % である。二酸化炭素 CO_2 は 4 番目に多いが、その割合はうんと少なくなる。

　地表に近い所では、地表の熱による対流や風の影響で気体は撹拌されるので、空気組成は一定である。この領域を**大気圏**という。しかし地上約 10 km 以上になるとこのような撹拌が無くなるので、各気体は密度によって層をなして存在する。地上 10 〜 50 km を**成層圏**という。

　地球上の生物にとっては、紫外線などの有害な**宇宙線**を防いでくれるのが、成層圏にあるオゾン層である（☞ 15・3 節参照）。

2・2　気体の体積

　気体分子は高速で飛び回っている。25 ℃ 1 気圧における窒素分子の飛行速度は時速 2000 km ほどに達する。飛行する気体分子は私たちの体に衝突する。私たちはその衝撃を感じるが、それが**圧力**である。

　気体を風船に入れてみよう。気体は風船の壁（ゴム）を押して風船を膨らます。一方、風船の外側にも空気があり、1 気圧の圧力で風船を外側から押し縮める。内側の気体が風船を広げる力（圧力）と外側の空気が押し縮める力が釣り合ったときの風船の体積が、風船内部の気体の**体積**と呼ばれるものである。

　風船の内部にある気体分子は高速で飛び回っているのであり、したがって、風船の内部はそのほとんどが真空である。気体分子の、物体としての体積など、無視できるほど小さい。すなわち、気体の体積は気体

表 2・1　空気の組成

成分	化学式	体積比 割合 (vol %)
窒素	N_2	78.084
酸素	O_2	20.9476
アルゴン	Ar	0.934
二酸化炭素	CO_2	0.0390
ネオン	Ne	0.001818
ヘリウム	He	0.000524
メタン	CH_4	0.000181

　水蒸気の割合
空気中には水蒸気も存在するが、その割合は地域によって大きく異なる。

　オゾン層
オゾン層は成層圏の一部であり、高度 20 〜 25 km に存在する。

の種類には無関係なのである。この結果、1モルの気体が1気圧0℃で占める体積は気体の種類にかかわらず22.4Lであるという結論が出ることになる。

ファンデルワールス

van der Waals（1837～1923）
オランダの物理学者。ファンデルワールス力などで知られ、特に物理化学の分野に多大な貢献をした。

2・3 状態方程式

気温が高くなると空気は膨張して体積が増える。その結果、密度が小さくなって大地を押す力が弱くなり、低気圧となる。反対に気温が低下すれば収縮して密度が大きくなり、高気圧となる。

このように、気体の体積は**温度**によって変化する。また、圧力によっても変化する。気体の体積 V と圧力 P、絶対温度 T の関係を表した式1を気体の**状態方程式**という。ここで定数 R は気体定数と呼ばれる。

$$PV = nRT \quad (n は物質量：モル数) \quad (式1)$$

式1を変形すると式2、3（**図2・1**、**2・2**）となるが、式2は気体体積が絶対温度に比例することを表している。また式3は気体体積が圧力に反比例することを表している。

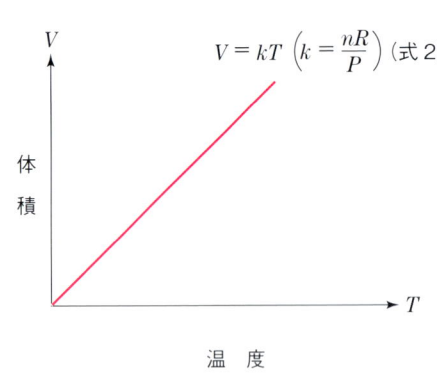

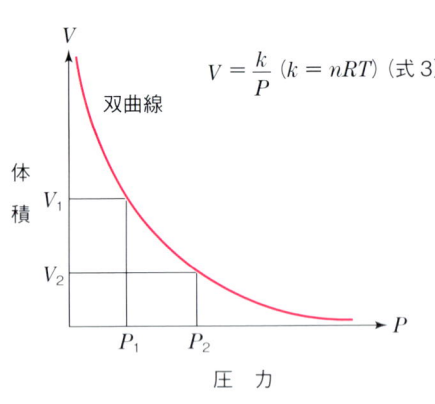

図2・1 気体の体積と温度との関係　　**図2・2** 気体の体積と圧力との関係

$$\frac{PV}{nRT} = 1 \quad (式4)$$

式1を変形すると式4となる。**図2・3**は式4の計算値と実測値である。両者の間に決定的な乖離(かいり)があることがわかる。これは、式1が普通の気体（**実在気体**）でなく、**理想気体**の挙動を表しているからである。

理想気体とは、分子の体積が無く、分子間力を持たない気体のことである。実在気体に対する状態方程式では、このようなことを考慮する必要がある（**図2・4**）。式5はこのような考慮の下に作られた状態方程式であり、**実在気体状態方程式**、あるいは提唱者の名前を取って**ファンデルワールスの式**と呼ばれる。ここでパラメータ a、b は実験によって求める。

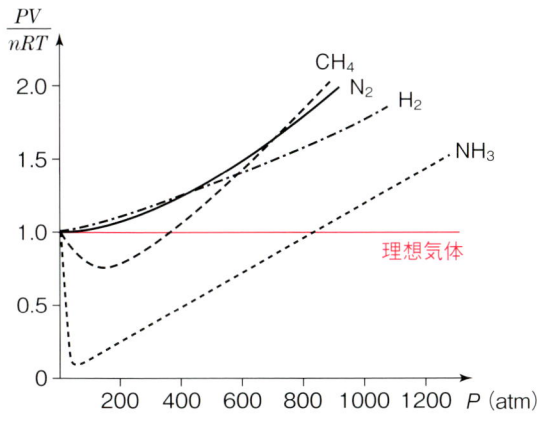

図 2・3 気体の状態方程式の計算値と各種物質での実測値

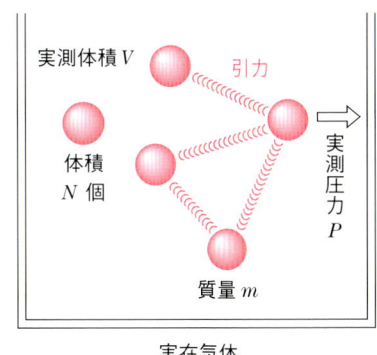

図 2・4 実在気体は体積と質量を持つ

$$\left(P + \frac{n^2 a}{V^2}\right)(V - nb) = nRT \qquad (式5)$$

2・4 気体の重さ

　気体は分子の集合体であるから、当然のこととして質量を持つ。すなわち、1モルの気体、つまり、1気圧0℃で22.4 Lの気体は、分子量 g（分子量に g を付けた重さ）の質量を持つのである。すなわち、水素 H_2 なら 2 g、ヘリウム He なら 4 g、酸素 O_2 なら 32 g である。

　比較のために空気の分子量を求めてみよう。空気は混合物なので、分子量は定義できないが、窒素と酸素の4：1混合物として平均分子量を求めると28.8となる。比重が1より小さな物質は水に浮き、1より大きい物質は沈むのと同様に、分子量が空気より小さい気体は空気に浮く。簡単にいえば、このような気体を入れた風船（風船の質量を0と仮定する）は空気中を上昇することになる。

　表2・2に、分子量が空気より小さい気体の主な種類とその分子量を示した（表で、酸素から下の分子は空気より重い）。ここに示した以外のほとんどの気体は全て空気より重いのである。

表 2・2 気体分子の分子量

名前	分子式	分子量
水素	H_2	2
ヘリウム	He	4
メタン	CH_4	16
アンモニア	NH_3	17
（水蒸気	H_2O	18）
一酸化炭素	CO	28
窒素	N_2	28
（空気		28.8）
酸素	O_2	32
二酸化炭素	CO_2	44
プロパン	C_3H_8	44

🔈 プロパンガスの危険性

プロパンガスはキャンプなどで利用される燃料ガスであるが、空気より重い。そのため、事故でボンベからホースが外れて室内にガスが放出されると、室内の下部に溜まる。事故に気付いて窓を開けても、窓より下部の気体は室内に溜まったままである。火気があれば爆発する可能性がある。注意が必要である。

2・5 気体の性質

1気圧、室温で気体の分子には、重要な性質を持つものが多い。気体の主なものを見てみよう。

A 水素

水素は宇宙で最も多い原子である。しかし水素分子は自然界にはほとんど存在しない。実験室的には亜鉛 Zn と塩酸 HCl の反応によって発生させる。

$$\mathrm{Zn + 2\,HCl \longrightarrow ZnCl_2 + H_2}$$

工業的には水の電気分解による。水 H_2O の分子量 18 のうち、2（H_2：分子量2）は水素である。すなわち、水の重さの1割以上は水素の重さである。

水素分子は自然界で最も軽い（比重が小さい）気体であり、風船や気球に詰める気体として利用されたが、爆発性があるため、最近は利用されることが少ない。水素燃料電池の燃料として用いられる（☞ 12・2 節参照）。水素吸蔵金属には吸収される（☞ 5・6 節参照）。

B ヘリウム

原子そのものが気体となっている。水素に次いで軽い気体であり、爆発性が無いので気球に用いられる。液体ヘリウムは沸点が −269 ℃（絶対温度4度）であり、最強の冷媒である。特に超伝導磁石など、超伝導現象（☞ 5・4 節参照）の利用には欠かせない。

ヘリウムはウラン U、ラジウム Ra、トリウム Th などの α 崩壊によって地球内部で発生する（☞ 13・2 節参照）。

$$^{238}_{92}\mathrm{U} \longrightarrow {}^{4}_{2}\mathrm{He} + {}^{234}_{90}\mathrm{Th}$$

$$^{226}_{88}\mathrm{Ra} \longrightarrow {}^{4}_{2}\mathrm{He} + {}^{222}_{86}\mathrm{Rn}$$

$$^{232}_{90}\mathrm{Th} \longrightarrow {}^{4}_{2}\mathrm{He} + {}^{228}_{88}\mathrm{Ra}$$

ヘリウムは軽いので地表に（浮かび）出るが、適当な地殻構造があると、岩盤ドーム内に溜まることがある。それを採掘するのがヘリウムの採取である（**図 2・5**）。

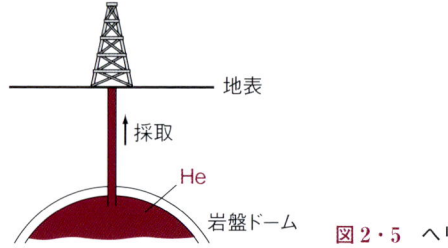

図 2・5 ヘリウムの採取法

水素と酸素を混ぜると…
水素と酸素の2：1混合気体は、火を付けると激しい音を出して爆発するので、特に爆鳴気と呼ばれることがある。

水素ガスの爆発
1937年、ニューヨークのレークハースト空港に到着したドイツの巨大飛行船、ヒンデンブルク号は大爆発を起こして炎上し、乗客乗員35人が犠牲となった。機体に詰めた水素ガスが静電気によって発火したものともいわれる。

ヘリウムの採掘
超伝導磁石などの普及によってヘリウムの需要は急増しており、その価格は上昇の一途をたどっている。将来的には、空気中に 0.0005 %（5 ppm）含まれるヘリウムを取り出さなければならないことになるのかも知れない。

ヘリウムの世界産出量の 80％はアメリカで占められている。オクラホマ、カンザス、テキサスなどの州が主産地である。日本はもっぱら輸入で賄っている。超伝導磁石の普及に伴ってヘリウムの需要も増え、価格は急騰している。

C 窒素

窒素は反応性の乏しい気体であり、各種密閉容器に封入されて、食品などの内容物の酸化防止に用いられる。

窒素はリン P、カリウム K と並んで植物の**三大栄養素**の一つである。しかし、根粒バクテリアなどを持つ特殊な植物の他は、空気中の窒素をそのまま利用することはできない。そのため、空気中の窒素をアンモニア NH_3 などに変化させることが必要である。これを空中窒素の固定という。空中放電（稲妻）は空中窒素の固定を行う。

20 世紀初頭に、ハーバーとボッシュは窒素ガスと水素ガスを反応させてアンモニアを作る方法を開発した。アンモニアは化学肥料や爆薬の原料として重要である（☞ 14・4 節および本章コラム参照）。

化石燃料には窒素が含まれ、その燃焼によって発生する窒素酸化物を一般に NOx（ノックス）といい、酸性雨や光化学スモッグの原因である（☞ 15・5 節参照）。

D 酸素

動物は酸素を吸収して**呼吸**し、食物を酸化してエネルギーを得ている。反対に植物は、**光合成**によって酸素を放出する。

ニトログリセリン

油脂を分解して得たアルコールの一種であるグリセリンに硝酸を作用させて得られる液体である。爆発力は大きいが、不安定で少しの衝撃で爆発するので実用性は低い。これを珪藻土などに吸着させて安定化したものがダイナマイトである。プラスチック爆弾の原料でもある。

$$\begin{array}{c} CH_2\text{-}OH \\ CH\text{-}OH \\ CH_2\text{-}OH \end{array} \xrightarrow{HNO_3} \begin{array}{c} CH_2\text{-}ONO_2 \\ CH\text{-}ONO_2 \\ CH_2\text{-}ONO_2 \end{array}$$

トリニトロトルエン

トルエンに硝酸を作用させて得られる結晶である。爆薬の典型であり、他の爆薬の爆発力はトリニトロトルエンを基準として測られる。

一酸化窒素 NO

血管を拡張する作用がある。ニトログリセリンを摂取すると、体内で分解されて一酸化窒素を発生する。そのため、ニトログリセリンは狭心症の特効薬とされている。

コラム　ハーバー‐ボッシュ法

ドイツの二人の化学者、ハーバーとボッシュによって開発された方法。窒素と水素を鉄触媒の存在下で数百気圧数千℃という過酷な条件下で反応させて、直接的にアンモニア NH_3 を合成する反応。アンモニアは硝酸カリウム KNO_3、硝酸アンモニウム NH_4NO_3 などの窒素肥料に用いられる他、ニトログリセリンやトリニトロトルエン（TNT）などの爆薬に用いられる。第一次世界大戦でドイツ軍が使用した爆薬の全てはハーバー‐ボッシュ法によって賄われたという。

ハーバー（左）とボッシュ（右）

表 2・3 地殻を構成する元素の含有率

順位	元素名	クラーク数*（％）
1	酸素 O	49.5
2	ケイ素 Si	25.8
3	アルミニウム Al	7.56
4	鉄 Fe	4.70
5	カルシウム Ca	3.39
6	ナトリウム Na	2.63
7	カリウム K	2.40
8	マグネシウム Mg	1.93
9	水素 H	0.87
10	チタン Ti	0.46

＊ 地殻を構成する元素の含有率をクラーク数という。

酸素は地殻に最も多く存在する元素である（**表 2・3**）。それは、地殻を占める鉱物の多くが酸化物だからである。各種金属の精錬は、つまるところ、鉱物から酸素を除く操作である。多くの場合、石炭、木炭などの炭素によって酸素を除く。

酸素は反応性の大きい元素である。中でも反応性が大きいのは**活性酸素**と呼ばれる状態であり、生体にとって有害である。

E 塩 素

塩素ガス Cl_2 は淡緑色の気体であり、猛毒である。第一次世界大戦でドイツが塩素ガスを兵器として用いたのが、現代化学兵器の最初の例とされる。家庭で使われる漂白剤には次亜塩素酸ナトリウム NaClO を含むものが多く、これと酸、例えばトイレ洗剤（塩酸 HCl を含む）などを混ぜると塩素ガスを発生して、生命の危険にさらされることがある（☞ 14・1 節参照）。

$$NaClO + 2HCl \longrightarrow NaCl + H_2O + Cl_2$$

F 天然ガス

地下の油田などから得られる天然の可燃性ガスを天然ガスというが、その主成分はメタン CH_4 である。天然ガスは太古の微生物の遺骸が地熱と地圧によって分解してできたものと考えられている。

メタンハイドレートは、15 個ほどの水分子が水素結合してできたケージの中に 1 個のメタン分子が閉じ込められた構造であり（**図 2・6**）、水深 200〜1000 m ほどの大陸棚にある。採取の際には海底で水分子のケージを分解して、メタンガスだけを採取する。

シェールガスは、地底 3000 m ほどの大深度に存在するシェール（頁岩）という堆積岩に吸蔵されたメタンのことである。

☞ **活性酸素**

活性酸素は、酸素分子がより反応性の高い状態あるいは化合物に変化したものの総称である。一般にスーパーオキシドアニオンラジカル（通称スーパーオキシド）、ヒドロキシルラジカル、過酸化水素、一重項酸素の 4 種類をいう。酸素分子が不対電子を捕獲することによって、スーパーオキシド（$O_2^- \cdot$）、ヒドロキシルラジカル（$OH \cdot$）、過酸化水素（H_2O_2）の順に生成する。スーパーオキシドは生体にとって重要な役割を持つ一酸化窒素 NO と反応してその作用を消滅させる。ヒドロキシルラジカルはきわめて反応性が高いラジカルであり、活性酸素による生体に対する害の大部分はヒドロキシルラジカルによるものとされている。

☞ **シェールガス**

シェールガスを採掘するには、シェール層まで斜坑を掘り、そこに高圧の水を吹き込んでシェール層を破壊し、噴出したメタンガスを採取する。この方法は 21 世紀に入って米国で実用化されたものである。シェールガス生産のおかげで、米国の天然ガス価格は 1/3 に下がったといわれる。しかし、地下の岩盤破壊、大量の水注入、そのための水のくみ上げなどによって、深刻な環境問題が発生しつつある。

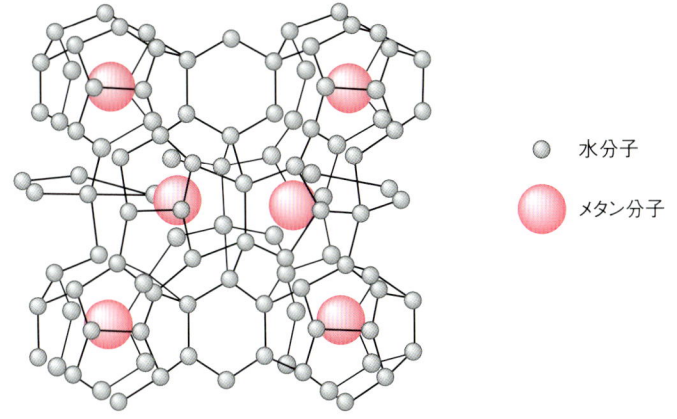

図 2・6 メタンハイドレートの分子構造

G 合成ガス

1000℃ ほどに加熱した石炭に水を反応させることによって得られる可燃性のガス。成分は水素 H_2 と猛毒の一酸化炭素 CO である。固体の石炭をガス化するものとして注目されている。かつては水成ガスとも呼ばれ、都市ガスとして各家庭に届けられていた。そのため、ガス漏れによる事故や自殺が相次いだ。

石炭の気体化

$C + H_2O \longrightarrow CO + H_2$

この反応は、石炭の気体化と見ることもできる。

演習問題

2.1 空気を構成する気体のうち、多いもの 4 種を多い順にあげよ。
2.2 0℃で 1 L の気体を 100℃にしたら何 L になるか？ また密度は何倍になるか？
2.3 1 気圧で 1 L の気体を 0.1 気圧にしたら何 L になるか？ また密度は何倍になるか？
2.4 水素ガス 2 g の体積は標準状態で何 L か？
2.5 空中窒素の固定について説明せよ。
2.6 ハーバー－ボッシュ法とは何か？
2.7 地殻中で最も大量に存在する元素は酸素である。その理由を説明せよ。
2.8 ヘリウムの用途について説明せよ。
2.9 メタンハイドレートについて説明せよ。
2.10 天然ガスの主成分の名前と分子式を示せ。

第 3 章

地球は水の惑星
― 水の特性と物質の状態 ―

　地球の全表面積の 71 % は海面である。まさしく地球は水の惑星と呼ぶに相応しい。水の分子式は H_2O であり、きわめて単純な分子のように見えるが、水の性質は不思議が一杯である。水は低温で固体、室温で液体、高温で気体となる。固体、液体、気体などの状態を物質の三態という。物質の状態は三態以外にもある。ガラスはアモルファスという状態であり、携帯電話などの液晶表示に用いられる分子は液晶という状態になっている。

3・1　水の構造

　水は酸素 O と 2 個の水素 H が共有結合で結合したものであり、その詳細は 1・6 節で見た通りである。

　水分子を構成する 2 本の O-H 共有結合は、共有結合の重要な特性を持っている。それは、共有結合であるにもかかわらず、イオン結合的な要素を持っているということである。原子には、電子を放出して陽イオンになりやすいものと、反対に電子を受け入れて陰イオンになりやすいものがある。この傾向を表す尺度に**電気陰性度**というものがあり、電気陰性度が大きいほど電子を引き付ける力が強く、陰イオンになりやすい。

　図 3・1 は電気陰性度を周期表に倣って示したものである。右上に行くほど電子を引き付ける力が強く、左下に行くほど弱くなることがわかる。

　水素と酸素の電気陰性度を比較すると酸素の方が大きい。これは、

H 2.1							He*
Li 1.0	Be 1.5	B 2.0	C 2.5	N 3.0	O 3.5	F 4.0	Ne
Na 0.9	Mg 1.2	Al 1.5	Si 1.8	P 2.1	S 2.5	Cl 3.0	Ar
K 0.8	Ca 1.0	Ga 1.3	Ge 1.8	As 2.0	Se 2.4	Br 2.8	Xe

* 希ガス元素はイオンにならないので電気陰性度は定義されない。

図 3・1　電気陰性度の周期性

O-H 結合の結合電子を酸素が強く引き付けていることを意味する。この結果、酸素は負に荷電し、水素は正に荷電する。これは共有結合がイオン性を帯びたことを意味する。このような現象を**結合分極**という。

3·2 水素結合

2 個の水分子が近寄ると、互いの酸素原子と水素原子の間に静電引力が生じる。このような引力を**水素結合**という（**図3·2**）。水素結合は2個の水分子間に留まらず、多くの水分子の間に形成される。この結果、多くの水分子が水素結合によって引き合った集団ができる。これを会合、クラスターという。

水素結合は、DNA の二重ラセン構造、ヘモグロビンタンパク質の会合体、酵素と基質の作る複合体の形成など、生体において重要な働きをしている（☞第7章参照）。水素結合のように、分子間に働く引力を一般に**分子間力**という。

3·3 状　態

1 気圧の水は、0℃ 以下では**固体**の氷であり、それ以上では**液体**であり、100℃ 以上では**気体**の水蒸気である。このような固体、液体、気体状態を物質の**状態**といい、この三状態を特に**三態**という。

☝ **結合分極と部分電荷**

結合分極を表すのに δ（Δ の小文字）を用い、これを**部分電荷**という。δ は 0 < δ < 1 の間の適当な数値を意味する。

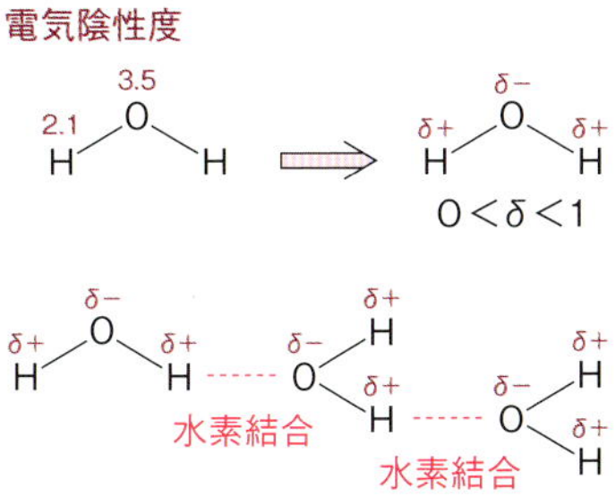

電気陰性度

図3·2　水素結合
電気陰性度の差により水素結合が生じる。

☝ **さまざまな分子間力**

分子間力は結合の一種とみなすこともできるが、結合よりは弱いので、このように呼ばれる。ファンデルワールス力、ππ 相互作用、疎水性相互作用などが知られている。

コラム　地球上の水の種類

地球は水の惑星といわれる。宇宙船から見た地球は青い球体であり、まさしく、水の惑星といわれるにふさわしい。地球の全表面積の 71% は海洋、すなわち水面である。そして、海洋の平均深度は 3800 m であり、その体積は膨大である。

しかし、質量からいったら、別の姿が見える。多いように見える水の質量は、地球質量のわずか 0.025% に過ぎない。誤差範囲のようなものである。しかも水のほとんど全ては海洋水である。

地球上の水の 97.4% は海水、要するに塩水であり、淡水は 2.6% に過ぎない。しかも 2% は北極、南極の氷や氷山、氷河であり、0.6% が地下水である。0.001% が大気中の水蒸気である。

われわれが淡水として思い浮かべる川や湖を作る水は、水の総量のうち、わずか 0.6% に過ぎないのである。誤差範囲の中のまた誤差範囲？ である。現在が水戦争の時代といわれるのはこのような理由によるのである。

©NASA

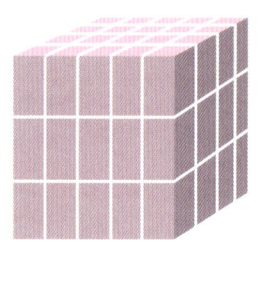

固体　　　　　　　　　液体　　　　　　　　　気体

図 3・3　物質の三態

図 3・3 は三態を模式的に表したものである。固体（**結晶**）は分子がその位置と配向（方向）を規則的に固定した状態である。それに対して液体状態ではこのような規則性は無くなり、分子は温度に応じて自由に移動する。しかし、分子間の距離は固体状態と変わらないので、液体の密度は固体の密度と大きくは変わらない。しかし気体になると、2・2 節で見たように分子は高速で飛び回り、分子間距離は非常に大きくなる。

物質は温度、圧力が変化すると状態が変化する。それぞれの変化が起こる現象と温度には固有の名前が付いており、それは図 3・4 に示した通りである。

3・4　状　態　図

1 気圧の水が沸騰するには 100 ℃ の温度が必要である。しかし、圧力鍋のように内部気圧が高くなると、沸点は 100 ℃ 以上になって魚の骨も軟らかく煮えることになる。このように、水がどのような状態でいるかは、温度と圧力によって影響される。

一般に物質がある圧力 P、温度 T において、どのような状態でいるかを表した図を**状態図**という。図 3・5 は水の状態図である。3 本の線、ab、ac、ad によって、三つの領域 Ⅰ、Ⅱ、Ⅲ に分けられている。状態図の見方は以下の通りである。

A　点 (P, T) が領域にあった場合

ある圧力 P と温度 T に対応する点 (P, T) が領域 Ⅰ に入っていたら水は氷であり、領域 Ⅱ にあったら液体、領域 Ⅲ にあったら水蒸気である。

B　点 (P, T) が線上にあった場合

この場合には、その線の両側にある状態が同時に存在する。すなわち、

フリーズドライ

水は 1 気圧の下では 100 ℃ でないと沸騰しない。しかし、気圧を下げれば 20 ℃、30 ℃ という室温でも沸騰して蒸発する。さらに気圧を下げれば昇華が起こり、氷の状態から直に水蒸気になって揮発する。このような現象を利用したのがフリーズドライである。

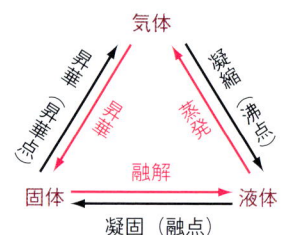

図 3・4　状態の変化とその名称

自由度

点 (P, T) を領域に置くためには P と T の両者を自由に設定できる。これを自由度＝2 という。しかし、線上に置くためには、P を決めれば T は自動的に決まってしまう。すなわち、P か T のいずれかしか設定できない。これを自由度＝1 という。さらに、三重点 a に置こうとしたら、P も T も定まってしまい、自由に設定できる条件は無くなる。これは自由度＝0 である。

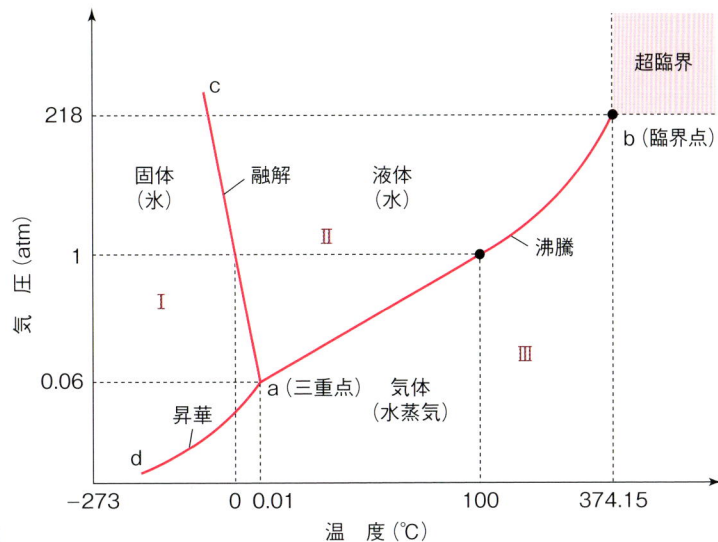

図3・5 水の状態図

もし線ab上にあったら、液体と気体が同時に存在する状態であり、それは沸騰状態を意味する。実際、1気圧を示す横線と線abの交点の温度は100℃であり、これは1気圧における水の沸点に一致する。

C 点（*P*, *T*）が点aにあった場合

この場合には点aに接する三つの状態が同時に存在する。これは氷水が沸騰していることを意味する。日常生活でこのような状態に遭遇することはあり得ない。実際、状態図を見ると、この状態は0.06気圧という真空に近い状態でしか起こり得ないことがわかる。点aを特に**三重点**という。

3・5 超臨界状態

図3・5の線ac、adは絶対温度0度（−273℃）に達するまで伸びることができる。それでは、線abは無限の彼方まで伸び続けることができるのか？ そうではない。線abは点bで終わりである。この点bを**臨界点**といい、臨界点を超えた領域に相当する状態を**超臨界状態**という。

超臨界状態では、沸騰を表す線abが存在しない。ということは、沸騰という現象が起きないということである。これは具体的には、超臨界状態の水、**超臨界水**は液体と気体の中間状態にあることを意味する。実際、超臨界水は液体の粘度を持ち、気体の激しい分子運動をしていることがわかっている。

この結果、超臨界水は有機物を溶かし、酸化作用を持つことになる。

超臨界状態の工業利用
超臨界水を有機溶媒の代わりに用いると、有機廃液が減少し、環境汚染が起こる確率を減らすことができる。他に超臨界状態を利用するものとしては、二酸化炭素の超臨界状態に向けての研究がある。

PCBを分解する技術
人工合成物質のPCBは、絶縁性が高くて安定なことから、世界中で変圧器のオイルなどとして大量に合成された。ところが、カネミ油症事件が契機になってその毒性が明らかになり、製造、使用が停止された。しかし、回収されたPCBはそのあまりの安定さゆえに、長い間、分解無毒化されることなく、保管され続けてきた。ようやく最近、超臨界水を用いる分解技術が開発された。

この性質を利用して、有機化学反応の溶媒に用いたり、分解しにくいPCBの分解に用いたりしている（☞ 15・2節参照）。

3・6 アモルファス

ここまでの説明では、固体＝結晶としてきた。しかし実は、固体には結晶以外のものもある。ガラスは固体であるし、プラスチックも固体である。しかし、ガラスやプラスチックは結晶ではない。これらには結晶状態のような規則性は一切ない。いわば、液体状態で固まったものである。このような状態を一般にガラス状態、あるいは**アモルファス**（非晶性固体）という（図3・6）。

一般の金属は、微細な結晶が集まった多結晶といわれる状態である。金属をアモルファス状態にすると、強度、耐腐食性に優れ、さらに磁性など新しい機能を発生することが知られている。アモルファス金属を作るのは困難であるが、最近は合金を使って実用的な大きさのアモルファス金属塊を作ることも可能となっている。

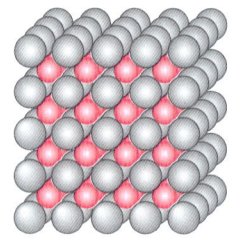
結晶

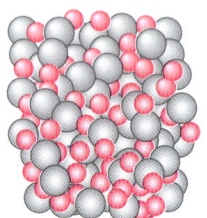
アモルファス

図3・6 結晶とアモルファス

3・7 液 晶

規則性から考えると、結晶状態と液体状態の間には、二種類の他の性質があり得ることがわかる。すなわち、

コラム　ガラスの学校？

ガラスは次の喩えで理解できよう。

水は液体であり、氷は結晶である。水の分子を小学生に喩えてみよう。結晶状態は授業中であり、キチンとしている。しかし、授業終了のベルが鳴ると子供たちは遊びだす。これが液体状態である。しかし、また授業開始のベルが鳴ると、子供たちはサッと椅子に戻って結晶状態になる。

水晶は二酸化ケイ素 SiO_2 の結晶である。水晶を1700 ℃ほどに加熱すると融けてドロドロの液体になる。しかし、この液体を冷却しても元の水晶には戻らない。ガラスになってしまう。

二酸化ケイ素分子は、小学生の水分子と違って、グズでノンビリなのである。ベルが鳴ってもすぐには椅子に戻れない。ノロノロノログズグズしている間に温度は下がり、運動エネルギーを失って固まってしまう。これがガラスである。

3・7 液　晶　23

状態		結晶	柔軟性結晶	液晶	液体
規則性	位置	○	○	×	×
	配向	○	×	○	×
配列模式図					

図 3・7　物質の状態と分子配列

① 位置の規則性はあるが配向の規則性を失った状態　と，
② 位置の規則性は無いが配向の規則性は保った状態　である。
　これらの状態は実際に存在するのであり、前者を**柔軟性結晶**、後者を**液晶**という（図 3・7）。

A　液晶状態

　液晶は分子の種類ではない。結晶"状態"や液体"状態"と同じように、特定の温度範囲だけに現れる状態の一種である。しかし、全ての分子が液晶状態になれるのではなく、特定の分子だけに許された状態であり、このような分子を特に液晶分子という。

　図 3・8 は普通の分子と液晶分子の温度特性を表したものである。液晶分子も低温では普通の結晶である。これを温めると融点で融けて流動性が出てくる。しかし、普通の分子と違って透明性が無い。この状態が液晶状態である。さらに加熱して透明点に達すると、透明な普通の液体になる。さらに加熱すれば沸点で気体になるか、その前に高熱で分解してしまう。

B　液晶モニター

　後の説明に便利なように、ここでは液晶分子を巨大な短冊形の分子として考えてみよう。ガラス容器の向かい合った二面の内側に、平行な擦

　柔軟性結晶
柔軟性結晶には、四塩化炭素、シクロヘキサン、フラーレンの結晶などがある。

　液晶分子
液晶状態の分子は、小川のメダカのようなものである。メダカは自由に動き回っているが、流れに流されないように頭は常に上流を向いている。液晶分子も同様である。液体のように移動するが、方向は常に一定である。

　液晶の発見
液晶は 1888 年、オーストリアの植物学者ライニッツァーによって発見されたものであり、最初の例はコレステロールのエステルであった。

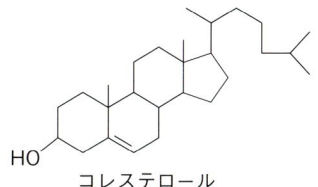
コレステロール

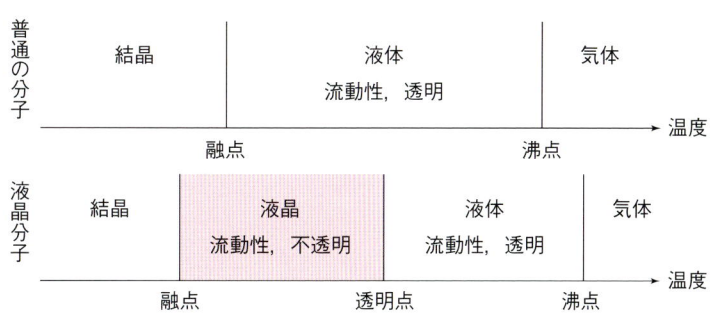

図 3・8　普通の分子と液晶分子の温度特性

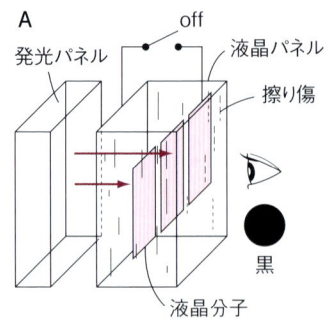
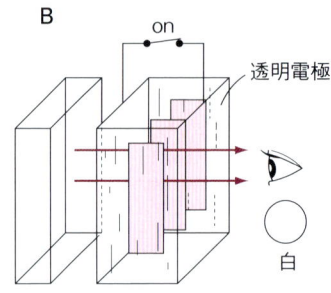

図3・9　液晶モニターの仕組み

液晶分子の構造
液晶分子には長いひも状の分子構造を持つものが多い。

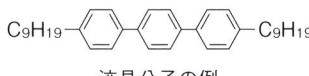

液晶分子の例

液晶モニター
液晶モニターを使用可能温度範囲より低温、あるいは高温にすれば、結晶化、あるいは液化が起こってモニター機能を喪失する。

り傷をつける。この容器に液晶分子を入れると、液晶分子は擦り傷の方向（図3・9でいうと垂直の方向）に整列する（**図3・9 A**）。

次に、傷の付いていない二面のガラスを透明電極に交換する。この容器に液晶分子を入れると、傷の方向に整列する（**図A**）。しかし、透明電極に通電すると、整列の方向は電流の方向に90度変化する（**図B**）。スイッチをon、offするたびに液晶はこの動作を繰り返す。

この液晶パネルの後ろに発光パネルを置き、観察者は透明電極を通して見るようにしたのが液晶モニターの原理である。つまり、影絵の原理である。すなわち、図Aでは、短冊が邪魔をして発光パネルが隠される。すなわち画面は黒くなる。しかし、通電した図Bでは短冊を透かして発光パネルが見える。すなわち画面は白くなる。

あとは画面を100万個！ほどの画素に細分し、それぞれ独立に電気駆動すればよい。カラーにしたかったら、各画素を三分割し（総数300万個!!）、それぞれに光の三原色である青、緑、赤の蛍光体を入れればよい。

演習問題

3.1　水の分子式、分子量、構造式を示せ。
3.2　水素結合について説明せよ。
3.3　物質の三態とは何か？
3.4　高山ではご飯がおいしく炊けない理由を述べよ。
3.5　氷を加圧したらどのようになるか？
3.6　超臨界水とはどのようなものか？
3.7　アモルファスとはどのような状態か？
3.8　アモルファス金属を作るのが困難なのはなぜか？
3.9　液晶とはどのような状態か？
3.10　液晶モニターを過度に冷却したらどのようになるか？

第 4 章

炭が燃えると熱くなる
―化学反応とエネルギー変化―

　炭が燃えると赤く輝いて熱くなる。輝くのは光を、熱くなるのは熱を放出しているからである。瞬間冷却パックを叩いて潰すと冷たくなる。冷たくなるのは冷却パックが周りの熱を奪って吸収するからである。熱も光もエネルギーの形態の一つである。

　すなわち、このことは、変化が起こるとエネルギーの放出、吸収が起こることを意味する。化学反応は物質の変化という側面だけでなく、エネルギーの変化という側面をも持つのである。

4・1　酸化・還元（図4・1）

　物が燃えるということは、物を構成する分子が酸素と結合することを意味する。すなわち、分子 A が酸素と結合して AO となったとき、A は**酸化**されたというのである。反対に分子 AO から酸素が離れて A になったとき、AO は**還元**されたという。**燃焼**という化学反応は酸化反応の典型的な一例である。

☞ **燃　焼**
分子を構成する原子が全て酸素と結合する反応を**燃焼**という。

　酸化・還元反応は化学反応の中でも特に重要な反応であり、詳細に研究されている。それによると、酸化・還元は酸素が関係する反応だけでなく、多くの化学反応に起こっていることがわかる。すなわち、多くの化学反応は酸化・還元という観点から解析することができるのである。

A　酸　化

　一般的に、分子 A から電子が奪われて陽イオン A^+ になったとき、A は酸化されたという。酸素と反応した AO では、電気陰性度を比較すると多くの場合、O よりも A の方が小さい。ということは、結合電子雲が酸素に引き寄せられ、AO は $A^{\delta+}-O^{\delta-}$ となっている。酸素と結合

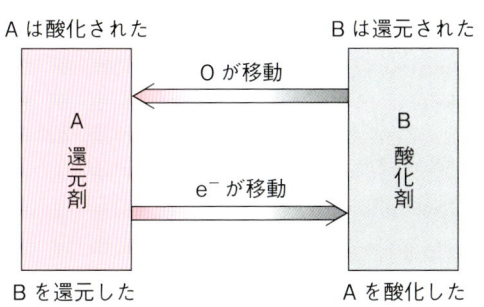

図 4・1　酸化と還元

することによって、A は電子を "幾分" 失ったのである。したがって A は酸化されたということになるのである。

ナトリウム原子 Na が電子を失ってナトリウム陽イオン Na⁺ になったとき、Na は酸化されたということになる。相手から電子を奪って相手を酸化するものを**酸化剤**という。

B 還元

反対に、原子 B が電子を受け入れて陰イオン B⁻ になったとき、B は還元されたという。

分子 AO から A に変化したときの A の電子状態を見てみると、AO では $A^{\delta +}$ という電子不足状態であるが、A になれば普通の状態、すなわち電子が十分にある状態である。したがって、この反応で A は電子が増えたので、還元されたことになるのである。

相手に電子を与えて相手を還元するものを**還元剤**という。

4・2 酸・塩基

元素が酸素と結合した酸化物は固有の性質を持つが、中でも重要なのは**酸・塩基**としての性質である。

A 酸・塩基の定義

酸・塩基は物質の種類であり、それぞれ次のような性質を持つ物質のことをいう。
○ 酸：水素イオン H⁺ を放出するもの
　　炭酸：$H_2CO_3 \longrightarrow H^+ + HCO_3^-$
○ 塩基：水酸化物イオン OH⁻ を放出するもの、あるいは H⁺ を受け取るもの
　　水酸化ナトリウム：$NaOH \longrightarrow Na^+ + OH^-$
　　アンモニア：$NH_3 + H^+ \longrightarrow NH_4^+$

炭酸は炭素の酸化物である二酸化炭素 CO_2 が水に溶けたものであり、水酸化ナトリウムはナトリウムの酸化物である酸化ナトリウム Na_2O が水に溶けたものである。

このように、炭素のような非金属元素（☞ 第 5 章参照）の酸化物は、水に溶けると酸になるので酸性酸化物と呼ばれる。一方、金属元素の酸化物は水に溶けると塩基になるので塩基性酸化物と呼ばれる。

酸と塩基の反応を一般に**中和**といい、中和の結果生じる生成物のうち、水以外のものを一般に**塩**という。

 酸化剤・還元剤
酸化剤は相手から電子を奪うので、自分は電子過剰になる。したがって酸化剤自身は還元されることになる。同様に還元剤は相手に自分の電子を与えるので、自分は電子不足になって酸化されることになる。

「酸化（還元）する」は他動詞
「酸化剤が A を酸化する」という場合の「酸化する」は他動詞である。しかし「包丁が酸化して錆びた」という場合の「酸化する」は自動詞である。この両方の使い方が混じると、話が混乱する。そこで化学では「酸化する」、「還元する」という動詞はもっぱら他動詞として用いている。したがって包丁の場合には「包丁が酸化されて錆びた」という受動表現にするのが化学的用法である。

中和反応にみる酸化・還元
反応 Na + Cl → NaCl では、Na は電子を Cl に与えて Na⁺ となり、Cl は電子をもらって Cl⁻ となっている。すなわち、Na は酸化され、Cl は還元されている。また、Na は Cl を還元したので還元剤であり、Cl は Na を酸化したので酸化剤、ということになる。

酸化系漂白剤
上記のように塩素原子は酸化剤である。家庭で一般的な漂白剤には次亜塩素酸ナトリウム NaClO が入っており、塩素を発生する。したがってこの漂白剤は、相手（洗濯物）を塩素で酸化することによって漂白するので酸化系漂白剤といわれる（☞ 14・1 節参照）。

中性でない塩
塩の性質は中性とは限らない。強酸と強塩基からできた塩である塩化ナトリウム NaCl は中性である。しかし、弱酸である炭酸と強塩基である水酸化ナトリウムからできた炭酸水素ナトリウム（重曹）$NaHCO_3$ は塩基性であり、逆に強酸と弱塩基からできた塩は酸性である。
$HCl + NaOH \rightarrow NaCl + H_2O$
$H_2CO_3 + NaOH \rightarrow NaHCO_3 + H_2O$

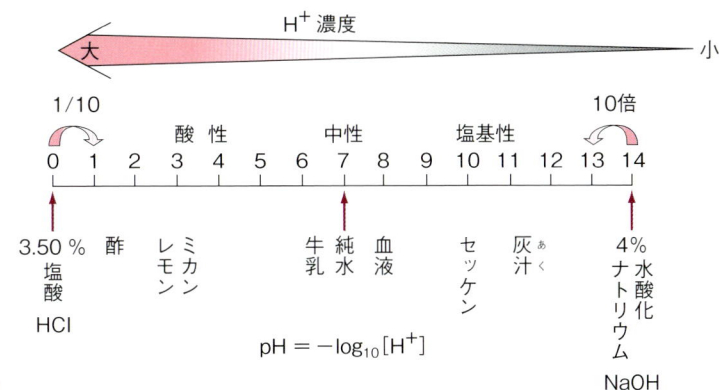

図4・2 いろいろな物質の水素イオン指数 pH

$$\mathrm{pH} = -\log_{10}[\mathrm{H}^+]$$

B 酸性・塩基性

中性の水はわずかながら電離（分解）して H^+ と OH^- になる。したがって中性の水は等量の H^+ と OH^- を含んでおり、その濃度はともに $10^{-7}\,\mathrm{mol/L}$ である。H^+ の量がこれより多い水溶液を**酸性**といい、これより少ない水溶液を**塩基性**という。

酸性、塩基性を表すには**水素イオン指数 pH** を用いると便利である（**図4・2**）。pH は図中の式のように定義されている。したがって、中性の水溶液は pH = 7 である。pH の数値が小さいほど H^+ の量は大きくなり、また対数値であるので、値が1違うと濃度は10倍違うことになる。

4・3 反応エネルギー

炭が燃えると光と熱を出す。光も熱も**エネルギー**の一形態であるから、これは"炭が燃えるとエネルギーを放出する"ということを意味する。なぜエネルギーを放出するのだろう？

原子も分子もエネルギーの塊のようなものである。全ての分子は固有のエネルギーを持っている（**図4・3**）。これには、原子間の結合に基づく結合エネルギーもあるし、結合の伸び縮みなどによる運動エネルギーもあるし、原子核の持つ原子核エネルギーもある。分子の持つ全てのエネルギーをその分子の**内部エネルギー**と呼ぶ。

酸・塩基の強弱
酸のうち、塩酸 HCl や硫酸 $\mathrm{H_2SO_4}$ などのように H^+ を出しやすいものを**強酸**、炭酸や酢酸 $\mathrm{CH_3CO_2H}$ のように H^+ を出しにくいものを**弱酸**という。同様に、水酸化ナトリウムのように強い塩基を**強塩基**、アンモニアのように弱い塩基を**弱塩基**という。

「塩基」と「アルカリ」
"塩基"と類似の術語に"アルカリ"がある。アルカリの定義は明確でないが、一般に「アルカリ金属、アルカリ土類金属を含む塩基」あるいは「自分の中に OH^- となることのできる OH 原子団を持つ塩基」と解釈されている。いずれにしろ、塩基の一種である。

内部エネルギー
内部エネルギーの種類は多く、今後、科学が進歩すればさらに新しいエネルギーが発見されることであろう。したがって内部エネルギーの総量は（多分）永久に不明である。化学で問題にするのは内部エネルギーの総和ではなく、変化量だけである。

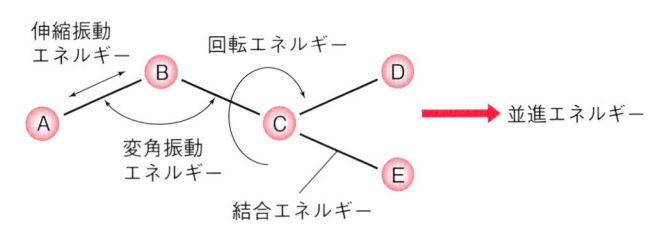

図4・3 分子のエネルギー

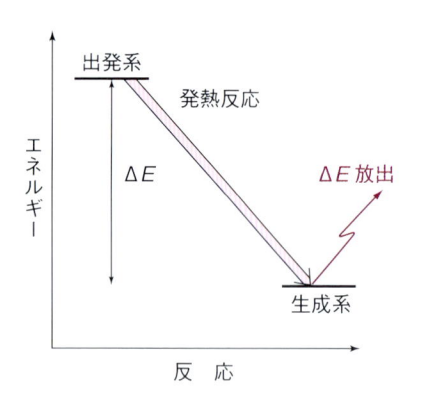

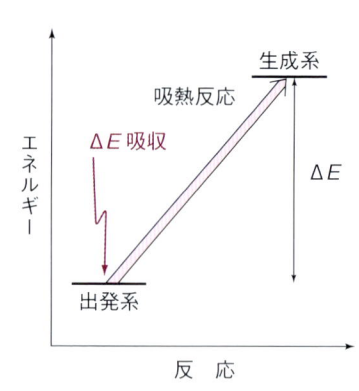

図 4・4　反応エネルギー
発熱反応(左)と吸熱反応(右)

物質とエネルギー
相対性理論によれば、質量 m の物質は $E = mc^2$（c は光速）という式でエネルギーとして表される。つまり、「物質とエネルギーは等しい」と表現することもできるのである。

分子の運動エネルギー
分子は重心の移動による運動エネルギー（並進運動エネルギー）も持つが、これは内部エネルギーに含めない。

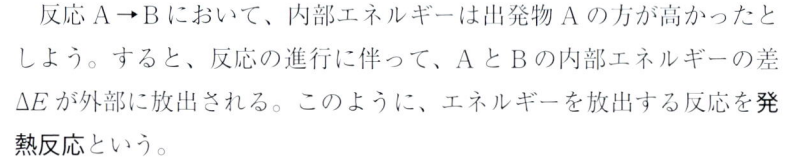

反応速度式
反応速度式は反応によって異なり、非常に複雑な式になることもある。速度式は反応式からは決定できず、実験によって求めなければならない。

反応 A→B において、内部エネルギーは出発物 A の方が高かったとしよう。すると、反応の進行に伴って、A と B の内部エネルギーの差 ΔE が外部に放出される。このように、エネルギーを放出する反応を**発熱反応**という。

反対に生成物 B の方が高エネルギーの場合には、反応を進行させるには系に ΔE を加えなければならない。このような反応を**吸熱反応**という。そして、反応において出入りするエネルギーを一般に**反応エネルギー**と呼ぶ（図 4・4）。

炭の燃焼で熱や光が出るのは、$C + O_2 \rightarrow CO_2$ という反応で、出発系（$C + O_2$）の方が生成系 CO_2 より高エネルギーなため、反応（燃焼）に伴って余分なエネルギーが反応エネルギーとなって放出されたことを意味する。燃焼に伴う反応エネルギーは**燃焼熱**とも呼ばれる。

4・4　反応速度

化学反応には、自動車のエアバッグが膨らむ爆発反応のように、瞬時に完結する速い反応もあれば、包丁が錆びるように、何年もかかる遅い反応もある。反応の進行速度を一般に**反応速度**という。

反応 A→B の反応速度 v は、一般に式1で表されることが多い。この式を**反応速度式**といい、係数 k を**速度定数**という。k の大きい反応ほど速い反応である。

$$A \longrightarrow B \qquad v = \frac{d[B]}{dt} = -\frac{d[A]}{dt} = k[A] \qquad (式1)$$

図 4・5 は反応 A→B における濃度変化である。A の濃度 [A] は反応開始とともに減少し、それと対応して [B] が上昇する。そして両者の和は、反応開始時の A の濃度である初濃度 $[A]_0$ に等しい。

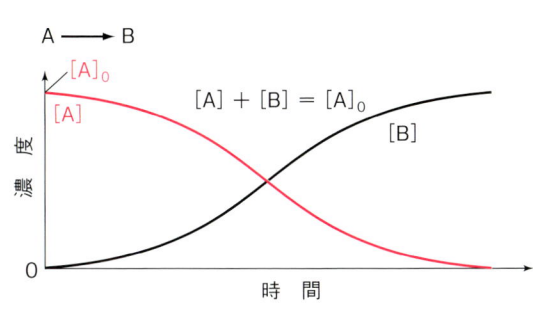

図4・5 反応A→Bにおける濃度変化

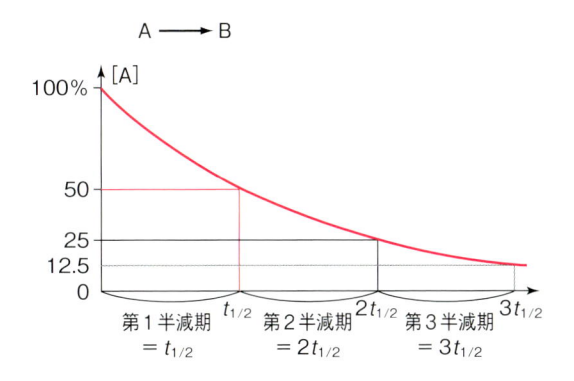

図4・6 反応に伴う濃度の減少と半減期

　図4・6は、反応速度が式1に従う反応におけるAの濃度減少を表したものである。[A]が初濃度の半分になるのに要する時間を**半減期** $t_{1/2}$ という。時間が半減期の2倍経過したら、[A]は初濃度の半分の半分、すなわち1/4となる。半減期の短い反応は速い反応であり、長い反応は遅い反応である。

半減期と原子核崩壊
図4・6の例では、半減期の長さ（時間）は反応を通じて等しい。これは、速度式が式1で表される反応に限った例である。A＋B→Cのような反応では、半減期は時間が経つほど長くなる。しかし原子核の崩壊反応は式1に従うので、半減期は原子核に固有の値となる。

4・5　いろいろの反応

　反応にはいろいろの種類がある。いくつかの例を見てみよう。

A　逐次反応

　A→B→C→D→ というように、生成物がさらに反応して次の生成物に変化していく反応を、全体として**逐次反応**という。それに対して、各段階の反応を**素反応**という。反応の途中で現れる生成物、B、C、Dなどを**中間体**、最後に現れる生成物を**最終生成物**と呼ぶこともある。

　一般にこのような反応では、各段階の速度は全て異なる。この反応全体の速度は最も遅い段階によって決められ、その段階を**律速段階**という。

B　平衡反応

　反応A⇌Bのように、生成物BがAに戻ることのできる反応を**可逆反応**あるいは**平衡反応**という。一般に右に進行する反応を正反応、左に進行する反応を逆反応という（**図4・7**）。

　この反応では、[A]は反応初期においては減少するが、時間が経つと逆反応が活発になり、BがAに戻ることから、[A]の減少速度は鈍ってくる。そしてある時間が経つと正反応と逆反応の速度が等しくなり、[A]は変化しなくなる。これは[B]に関しても同様である。このよ

有機化学反応
多くの有機化学反応はこのような逐次反応である。生成物のCが欲しいと思っても、反応を停止する時間によってはBしか得られなかったり、反対にDが得られたりする。

律速段階とは
例えばA→Bは速い反応で1秒で完結し、B→Cは遅くて1時間かかり、C→Dは1分で終了したとしよう。全体の反応時間は1時間1分1秒であり、実際問題としてほぼ反応B→Cの反応時間である。律速段階とはこのような意味である。

第4章 炭が燃えると熱くなる

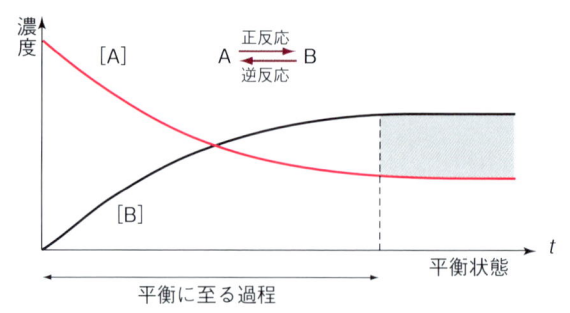

図4・7 平衡反応と平衡状態

うな状態を**平衡状態**という。

平衡状態とは、反応が起きていないのではなく、見かけ上、変化が無いように見えるだけの状態であるということは重要なことである。平衡状態における[A]と[B]の比を**平衡定数** K という（式2）。

$$K = \frac{[B]_{平衡状態}}{[A]_{平衡状態}} \quad (式2)$$

4・6 遷移状態と活性化エネルギー

炭を燃やすと反応エネルギーとして熱が出る。しかし炭を燃やすためには、マッチで火を着ける、すなわち熱を与えなければならない。熱を出す反応を起こすために熱を加えなければならない、とはどういうことだろうか？

図4・8はこの反応のエネルギー関係を表したものである。炭素Cと酸素 O=O が反応して二酸化炭素 O=C=O になる反応は、単純に衝突すればよいようなものではない。反応途中で、図に示した三角形の状態を通らなければならない。この状態は不安定で高エネルギーであり、一般に**遷移状態**と呼ばれる。

遷移状態と中間体
遷移状態と中間体は違うものである。中間体は安定なもので、単離することができる。しかし遷移状態はエネルギーカーブの極大にあるもので、非常に不安定であり、単離することは不可能である。

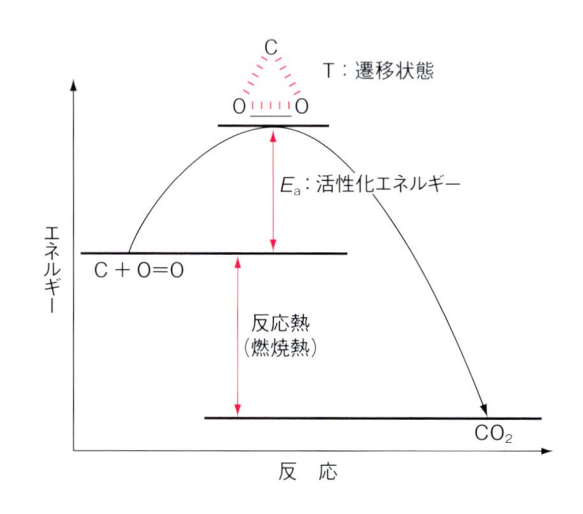

図4・8 炭素の燃焼に伴うエネルギー変化

すなわち、炭が燃焼するためには、一度、この高エネルギー状態に登らなければならないのである。そのためのエネルギーがマッチの火による熱だったのである。このエネルギーを一般に**活性化エネルギー** E_a と呼ぶ。しかし、いったん反応が進行してしまえば、次の活性化エネルギーは反応エネルギーで賄われる。

活性化エネルギーの大きい反応は進行しにくい反応であり、一般に速度は遅い。

4·7 触媒反応

反応の生成物には影響しないが、反応速度に影響する（多くの場合速める）ものを**触媒**という。生体における**酵素**は触媒の一種である。

触媒は遷移状態を安定化させ、活性化エネルギーを下げるものである（**図4・9**）。酵素反応を例にとれば、酵素 E と基質（反応物質）S が反応して複合体 SE となる。この SE が遷移状態の役割をするのである。やがて SE の S が生成物 P に変化して PE となり、そこから P が離れて E が回収される。この E はまた次の S と反応する、というように、酵素は繰り返して反応に関与する。そのため、一般に触媒は少量でよいのである（**図4・10**）。

触媒とグリーンケミストリー

触媒の作用は反応速度を速めるに留まらない。普通ならばいくつもの反応の連続でなければ進行しない反応を一段階で進行させたり、普通では起こらない反応を起こしたりもする。これは原料、溶媒、エネルギーの節約になるだけでなく、反応廃棄物の減少にもつながる。そのため、環境に優しい化学（グリーンケミストリー）の観点からも精力的に研究されている。

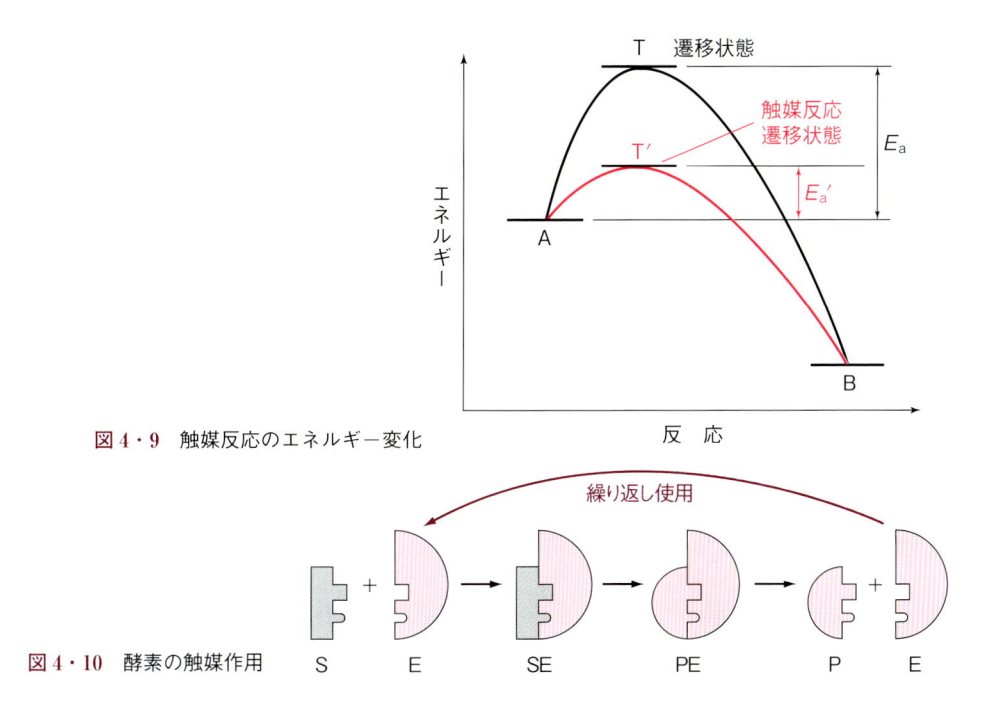

図4・9 触媒反応のエネルギー変化

図4・10 酵素の触媒作用

コラム　化学カイロと冷却パック

化学カイロには鉄粉 Fe と、触媒としての少量の塩水が入っている。化学カイロが熱を出すのは、鉄粉が酸素と反応して酸化鉄 Fe_2O_3 となるときの反応エネルギーによるものである。

また、瞬間冷却パックには、硝酸ナトリウム $NaNO_3$ などの粉末と水が入った袋が入っている。瞬間冷却パックを強く叩くことによって、水の入った袋が破れて硝酸ナトリウムが水に溶ける。この溶解反応（吸熱反応）に伴う反応エネルギー（溶解熱）によって冷えるのである。

なお、この溶解反応は吸熱反応であるが、水酸化ナトリウム NaOH や硫酸 H_2SO_4 などの溶解は激しい発熱反応であり、実験には注意が必要である。

演習問題

4.1　酸化される、還元される、とはどういうことか？
4.2　酸化剤は相手を酸化した後、自分自身はどうなるか？
4.3　酸・塩基とはどのようなものか？
4.4　酸性・塩基性とはどのようなことか？
4.5　pH 1 と pH 8 ではどちらが酸性、塩基性か？
4.6　反応エネルギーとは何か？
4.7　発熱反応、吸熱反応の例をあげよ。
4.8　遷移状態、活性化エネルギーとは何か？
4.9　平衡状態とはどのような状態か？
4.10　触媒とはどのような働きをするものか？

第 5 章

元素の 80％は金属元素
— 金属の多彩な性質 —

　全ての物質は原子からできている。原子の種類を元素という（☞ 1・3 節 側注参照）。地球上の自然界に存在する元素は約 90 種類である。わずか 90 種類の元素が寄せ集まって、この宇宙に存在する無限大ともいえる種類の物質を作っている。その 90 種類の元素のうち、約 70 種類（約 8 割）は金属元素である。金属製品は日常生活で欠かせないものである。しかし、それでは金属とは何か？ と聞かれると、そのあまりの多様性のために答えにくくなるのも事実であろう。

5・1　金属元素の種類

　元素の一覧表を**周期表**という（☞ 1・4 節参照）。周期表を見れば、元素にはどのような種類があり、その性質はどのようなものであり、どの元素とどの元素が似たものであるかが一目でわかる。その意味で、周期表は元素の戸籍のようなものである。

　周期表は、元素をその大きさの順に並べて、適当なところで折り返したものである。その意味で、日にちを順番に並べ、七日ごとに折り返したカレンダーに似ている。カレンダーでは日にちに関係なく、縦に並んだ日は似た性質を持っている。すなわち、日曜日はハッピーサンデーであり、月曜日はブルーマンデーである。

　周期表も同じである。縦に並んだ元素を**同族元素**といい、同族元素は互いに似た性質を持っている。**図 5・1** は金属元素を表した周期表である。80％もの元素が金属元素であることがわかる。金属元素でないのは、左上の水素 H を除けば、全ては右上の一塊の元素群に過ぎない。

☞ **半金属元素**
B, Si, Ge, As, Sb, Te などは、金属と非金属の中間のような性質を持つので半金属元素と呼ばれることがある。

5・2　金属元素の条件

　それでは、金属元素とはどのような元素なのであろうか？　金属元素の条件は簡単である。次の三つの性質を併せ持つことである。

　a　展性・延性に富む
　b　金属光沢がある
　c　高い電気伝導性を持つ

展性は薄く延ばされて金属箔になることであり、**延性**は細く引き延ばされて針金になることである。黄色の金、赤い銅を除けば、ほとんどの

☞ **金の展性・延性**
展性・延性の最も大きなものは金である。金箔は 0.2〜0.3 μm（1 万分の 2〜3 mm）まで薄くすることができ、このような金箔は透かして外界を見ることができる。この場合、外界は青緑色に見える。また、1 g の金を針金にすると 2800 m ほどの長さになるといわれる。

34　第5章　元素の80％は金属元素

族周期	1	2	3	4	5	6	7	8	9	10	11	12	13	14	15	16	17	18
1	H 水素																	He ヘリウム
2	Li リチウム	Be ベリリウム			金属元素　レアメタル								B ホウ素	C 炭素	N 窒素	O 酸素	F フッ素	Ne ネオン
3	Na ナトリウム	Mg マグネシウム											Al アルミニウム	Si ケイ素	P リン	S 硫黄	Cl 塩素	Ar アルゴン
4	K カリウム	Ca カルシウム	Sc スカンジウム	Ti チタン	V バナジウム	Cr クロム	Mn マンガン	Fe 鉄	Co コバルト	Ni ニッケル	Cu 銅	Zn 亜鉛	Ga ガリウム	Ge ゲルマニウム	As ヒ素	Se セレン	Br 臭素	Kr クリプトン
5	Rb ルビジウム	Sr ストロンチウム	Y イットリウム	Zr ジルコニウム	Nb ニオブ	Mo モリブデン	Tc テクネチウム	Ru ルテニウム	Rh ロジウム	Pd パラジウム	Ag 銀	Cd カドミウム	In インジウム	Sn スズ	Sb アンチモン	Te テルル	I ヨウ素	Xe キセノン
6	Cs セシウム	Ba バリウム	ランタノイド*1	Hf ハフニウム	Ta タンタル	W タングステン	Re レニウム	Os オスミウム	Ir イリジウム	Pt 白金	Au 金	Hg 水銀	Tl タリウム	Pb 鉛	Bi ビスマス	Po ポロニウム	At アスタチン	Rn ラドン
7	Fr フランシウム	Ra ラジウム	アクチノイド*2	Rf ラザホージウム	Db ドブニウム	Sg シーボーギウム	Bh ボーリウム	Hs ハッシウム	Mt マイトネリウム	Ds ダームスタチウム	Rg レントゲニウム	Cn コペルニシウム	Nh ニホニウム	Fl フレロビウム	Mc モスコビウム	Lv リバモリウム	Ts テネシン	Og オガネソン

*1 ランタノイド： La ランタン | Ce セリウム | Pr プラセオジム | Nd ネオジム | Pm プロメチウム | Sm サマリウム | Eu ユウロピウム | Gd ガドリニウム | Tb テルビウム | Dy ジスプロシウム | Ho ホルミウム | Er エルビウム | Tm ツリウム | Yb イッテルビウム | Lu ルテチウム

*2 アクチノイド： Ac アクチニウム | Th トリウム | Pa プロトアクチニウム | U ウラン | Np ネプツニウム | Pu プルトニウム | Am アメリシウム | Cm キュリウム | Bk バークリウム | Cf カリホルニウム | Es アインスタイニウム | Fm フェルミウム | Md メンデレビウム | No ノーベリウム | Lr ローレンシウム

図5・1　周期表における金属元素の位置

金属の色

日本では金属を色で表現する習慣があった。すなわち、黄金＝金、白銀＝銀、赤金＝銅、青金＝鉛などである。また、鉄は錆びると黒くなるので黒金と呼ばれ、銅とスズの合金（ブロンズ）は錆びると青緑色になるので青銅と呼ばれた。

金属は銀白色である。

5・3　金属結合

　金属の性質を理解するには、金属原子を結び付けて固体としての金属にしている**金属結合**について見ておくと便利である。

　第1章で見たように、全ての原子は正に荷電した原子核と、それを取り囲む負に荷電した電子からできている。金属原子はこの電子の一部を放出して**自由電子**としている（**図5・2**）。その結果、電子を放出した金属原子は正に荷電した金属陽イオンとなる。各金属原子から放出された自由電子は一緒になって、金属原子群の周りに群れ集まる。

　この結果、金属固体は負に荷電した自由電子のプールの中に積み重なった、木製のボールのような状態となる。つまり、自由電子が糊の役をして金属イオンをまとめるのである。

　金属の色である銀白色は、この自由電子が光を反射するために起こる現象である。つまり、金属光沢は自由電子の存在を証明するものであり、金属結合の存在を証明するものなのである。

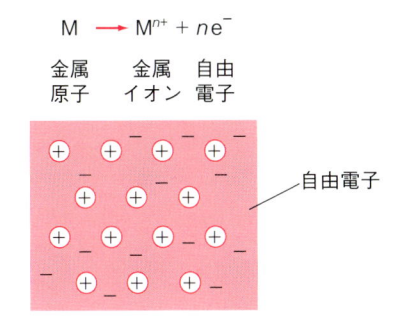

$$M \longrightarrow M^{n+} + ne^-$$

金属原子　金属イオン　自由電子

図5・2　金属原子の自由電子

5・4　電気伝導性

電流は電子の移動である。電子がAからBに移動したら、電流はBからAに流れたものとすると定義されている。したがって、電子が移動しやすいものが**良導体**であり、移動しにくいものが**絶縁体**となる。金属では、原子核の束縛を逃れた自由電子が移動しやすいので良導体なのである。

しかし、自由電子は金属イオンの脇をすり抜けるようにして移動しなければならない。当然、金属イオンが騒げば、通りにくくなる。金属イオンの運動は振動であり、それは温度が上がれば活発になる。この結果、温度が上がると金属の**電気伝導度**は下がる。反対に、温度が上がると金属の**電気抵抗**は上がることになる。

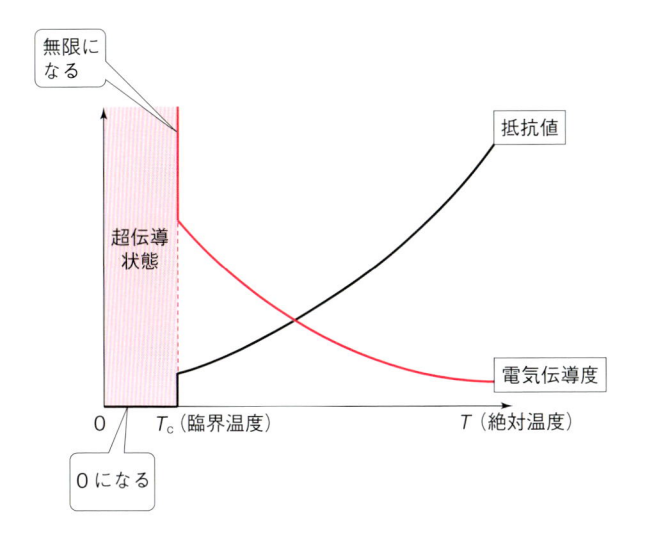

図5・3　温度による電気伝導度と抵抗値の変化

半導体
電気伝導度が良導体と絶縁体の中間のものを半導体という。

超伝導現象の発見者
超伝導現象を発見したのはオランダの物理学者カマリン・オンネスである。彼は1911年、水銀が絶対温度4.2度（4.2 K（ケルビン））で電気抵抗を失うことを発見した。この業績により1913年にノーベル物理学賞を受賞した。

超伝導現象と不連続変化
超伝導現象は、臨界温度に達した時点で突如現れる現象である。このような現象を一般に不連続な現象という。日常生活で体験するこのような現象は、水の凝固、沸騰である。水は0℃になると、突如液体から固体に変化する。これは不連続変化である。すなわち、液体（水）と固体（氷）の中間状態は存在しない。ミゾレは氷と水の混合物である。液体（水）から気体（水蒸気）への変化も同様である。

超伝導磁石の利用
超伝導磁石は、リニア新幹線において車体を浮上させるのに用いられたり、脳の断層写真を撮るMRIや、分子構造の解明に威力を発揮するNMRなどに利用されている。

高温超伝導体の開発研究
超伝導の利用上の弱点は、臨界温度が低いことである。そのため、超伝導を利用するには希少で高価な液体ヘリウムを用いなければならない。液体ヘリウムを用いないですむ高温超伝導の開発研究は精力的に進められ、現在では臨界温度は160 Kにまで達している。しかし、この物質はコイルにすることができないなど、実用性が無い。

金属の電気抵抗は温度の低下とともに下がり、ある温度（臨界温度 T_c）に達すると突如 0 になる。電気抵抗が 0 の状態を**超伝導状態**という（図 5・3）。超伝導状態ではコイルに大電流を通しても発熱することが無いので、強力な電磁石を作ることができる。

5・5 合　金

　実用的な意味での金属の特徴の一つは、いろいろの金属と混じって**合金**となることができることである。歴史の区分の一つでもある青銅時代の"青銅"は、銅とスズの合金である。銅と亜鉛の合金は金色の真鍮（ブラス）である。

　現在、実用的に用いられる金属のほとんどは合金であり、純粋金属が用いられることはほとんど無い。各種の合金と、その成分を**表 5・1** にまとめた。

表 5・1　主な合金の成分

合金	成分
青銅（ブロンズ）	銅-スズ
真鍮	銅-亜鉛
ステンレス	鉄-ニッケル-クロムなど
洋銀	銅-ニッケル-亜鉛
砲金	銅-亜鉛-スズ
ホワイトゴールド	金-銀-ニッケルなど

5・6 ふしぎな金属

　金属は硬くて冷たいという印象が強いが、必ずしもそうではない。不思議な性質を持つ金属を紹介しよう。

○ 室温で融ける金属

　図 5・4 に主な金属の融点を示した。水銀は融点が −38.9 ℃ で室温で液体であるが、その他にもフランシウム、セシウム、ガリウムなどは、暑い日には融けて液体となっている。また、合金のウッドメタル、ガリンスタンなども融点が低いことで知られている。

○ 水より軽い金属

　主な金属の比重を図 5・5 に示した。比重がおおむね 5 以下のものを**軽金属**、それ以上のものを**重金属**と呼ぶ。リチウム、ナトリウムは比重が 1 以下なので水に浮く。しかし両者とも水に触れると爆発的に反応するので、実際に水に浮かべることはできない。

身の回りの合金

真鍮は英語でブラスという。管楽器の多くは真鍮でできており、そのため、管楽器の楽団をブラスバンドという。水銀の合金は一般にアマルガムといわれる。以前は歯科の材料に用いられた。奈良の大仏は金アマルガムを用いてメッキした。すなわち、泥状の金アマルガムを大仏の全身に塗り、その後加熱して沸点の低い（357 ℃）水銀だけを蒸発させて除くのである。このため、当時奈良盆地は水銀汚染されたという説もある。

鉄の製錬

鉄は製錬するときに木炭、石炭などの炭素を用いるため、炭素を含む。炭素の含有量によって鋳鉄（銑鉄）、鋼などに分類される（図）。日本刀には種類の異なる鋼を巧みに組み合わせたものもある。

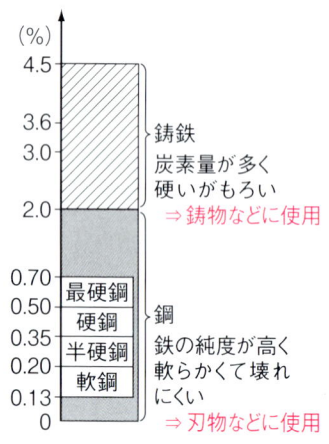

（%）
- 4.5 / 3.6 / 3.0 / 2.0　鋳鉄　炭素量が多く硬いがもろい　⇒鋳物などに使用
- 0.70 / 0.50 最硬鋼 / 0.35 硬鋼 / 0.20 半硬鋼 / 0.13 軟鋼　鋼　鉄の純度が高く軟らかくて壊れにくい　⇒刃物などに使用

合金ウッドメタルとガリンスタン

ウッドメタル：融点 70 ℃、ビスマス、鉛、スズ、カドミウムの合金。
ガリンスタン：融点 −19 ℃、ガリウム、インジウム、スズの合金。

5・6 ふしぎな金属 37

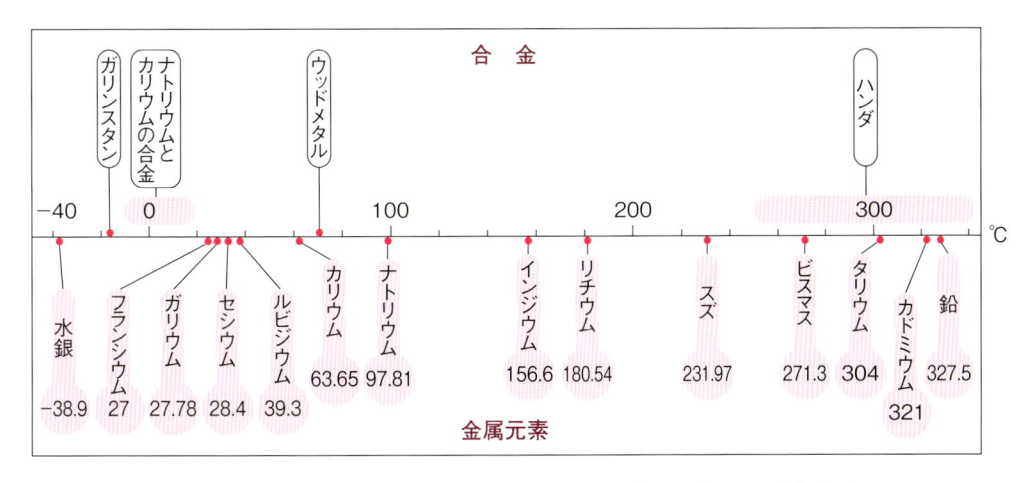

図5・4 主な金属の融点（ハンダなどの合金の融点は組成により変化する）

図5・5 主な金属の比重

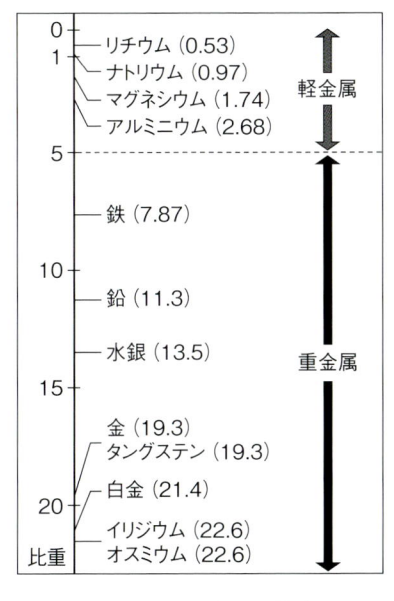

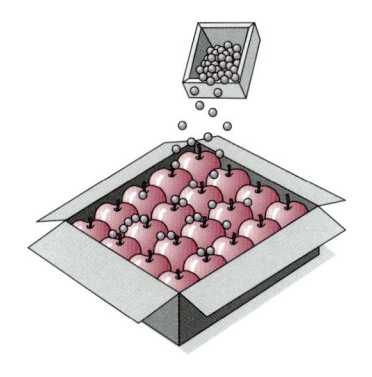

図5・6 金属原子を積むと隙間ができる

水素を吸収する金属

金属原子は球体であり、これを積み重ねても隙間ができる。リンゴ箱にリンゴを入れたのと同じことであり、最も密に積み重ねても空間の26％は隙間になる。この隙間にリンゴは入らないが、それより小さい豆なら入ることができる（図5・6）。これと同じように、ある種の金属は水素ガスを吸収する。このような金属を**水素吸蔵合金**という。

形を記憶する金属

低温では軟らかくて変形自在であるが、ある温度（変態温度）以上になると硬くなって、元の形に戻る金属を**形状記憶合金**という。

水素吸蔵合金と分子の篩

マグネシウムは自体積の800倍の体積の水素ガスを吸収する。水素吸蔵合金の箔は水素を透過することができるので、分子篩として高純度の水素ガスを作るのに用いられる（図）。

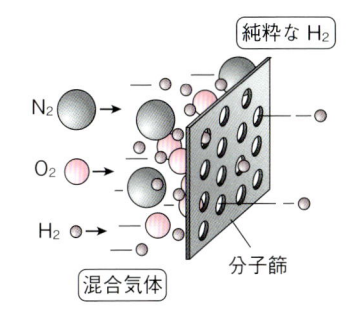

形状記憶合金

形状記憶合金はブラジャーのカップの縁がねなどとして利用される。すなわち、洗濯などによって変形しても、体温で暖められると元の美しい円形に戻るのである。

○ 透明な金属

　金箔を透かして外界を見ると青緑色に見える。このように、金属も薄くすると透明になるものがある。酸化インジウムと酸化スズをガラスに真空蒸着したものは、無色透明でありながら、金属としての電気伝導性を持っている。そのため、透明電極として薄型テレビやケータイの画面などの前面に設置されている。

○ アモルファス金属

　普通の固体金属は細かい結晶が集まった多結晶体である。結晶は、構成粒子（原子）が三次元にわたって規則的に積み重なったものである。それに対してガラスは、構成粒子（二酸化ケイ素 SiO_2 分子）が液体のように不規則に集合したものである。このような固体を非晶性固体、あるいは**アモルファス**と呼ぶ（☞ 3・6 節参照）。

　金属にもアモルファス状態のものがあり、これは結晶性の金属と比べて強度が高く、磁性を発現するなど、優れた性質を持つことが知られている。アモルファス金属の作製は困難であるが、最近は合金のアモルファスの研究が進んでおり、実用も間近と思われる。

○ 毒性を持つ金属

　金属には毒性を持つものがある。水銀は水俣病の原因であるし、カドミウムはイタイイタイ病の原因である（☞ 15・1 節参照）。その他にも、鉛の有害性はよく知られているし、六価のクロム Cr（Cr^{6+}）も発がん性がある。金属は有用であるが、毒性には注意が必要である。

5・7　レアメタル・レアアース

　レアメタルは、日本にとって希少な金属のことであり、科学的な意味は無い。その種類は図 5・1 に示した 47 種類にのぼり、金属元素 70 種類の三分の二に及ぶ。

　レアメタルは、① 産出量が少ない、② 産出場所が限定される、③ 単離精製が困難、のどれかに該当する金属であり、②からわかるように、産出量は多くても、特定の地域でしか産出されないものはレアメタルである。例えば、タングステンはその 90 ％ ほどが中国で産出され、白金は 80 ％ 近くが南アフリカで産出される。

　一方、**レアアース**（**希土類**）は化学的な分類であり、周期表の 3 族にあるスカンジウム Sc、イットリウム Y と、ランタノイドと呼ばれる 15 種類の元素、合計 17 種類の元素のことである。レアアースは全てがレアメタルなので、レアメタルの 1/3 はレアアースということになる。レアアースは互いに性質が酷似しているので単離精製が困難であり、し

金属火災

金属は酸化される、すなわち、燃焼する。最近、マグネシウム火災が頻発している。マグネシウムは粉末になると爆発的に発火する。その上、水と反応して水素ガスを発生し、この水素ガスが火に触れると爆発する。これはマグネシウム以外の金属でも同様である。したがって、金属火災の消火には水を用いることができない。消防としてできることは延焼を食いとめる程度のことである。小規模の火災ならば、乾燥した砂を掛け、金属が燃え尽きるのを待つのが有効である。

金属毒性による公害病

水俣病：熊本県水俣市で起こった公害病。神経系障害。新潟県阿賀野川流域でも同じ公害病が起こり、第二水俣病と呼ばれる。
イタイイタイ病：富山県神通川流域に起こった公害病。骨がもろくなり折れやすくなった。

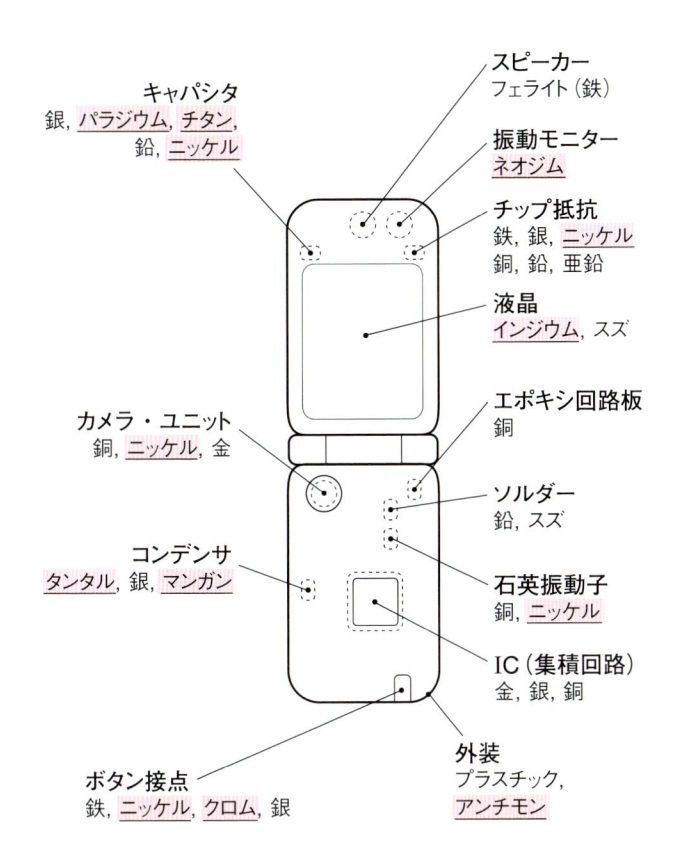

図 5・7 携帯電話に使われている普通の金属とレアメタル（色アミ）

キャパシタ: 銀, パラジウム, チタン, 鉛, ニッケル

スピーカー: フェライト（鉄）

振動モニター: ネオジム

チップ抵抗: 鉄, 銀, ニッケル, 銅, 鉛, 亜鉛

液晶: インジウム, スズ

カメラ・ユニット: 銅, ニッケル, 金

エポキシ回路板: 銅

ソルダー: 鉛, スズ

コンデンサ: タンタル, 銀, マンガン

石英振動子: 銅, ニッケル

IC（集積回路）: 金, 銀, 銅

ボタン接点: 鉄, ニッケル, クロム, 銀

外装: プラスチック, アンチモン

かも原料に放射性元素であるトリウム Th が含まれることがあるので（☞ 13・5 節 側注「トリウム型原子炉」参照）、操作に危険が伴う。そのため、現在市販されているレアアースの 90 ％ほどは中国産である。

　レアメタルは、合金にすると硬度、耐腐食性、耐熱性が高まり、また発光能力、磁性が発現し、レーザー発振源になるなどの性質を持つため、携帯電話、パソコンなどに利用され、現代科学に欠かせないものである（**図 5・7**）。発光、磁性など、高度に現代的な性質はレアアースに基づくことが多い。

レアメタルの代替品

アモルファス金属、有機超伝導体、有機磁性体、有機 EL、有機電池など、レアメタルの代替品の研究も着々と進行している。

コラム　宝石・貴金属

美しい輝きを持ち、腐食されにくい金属を貴金属という。一般には金、銀、白金（プラチナ）を指すが、化学的にはその他にルテニウム、ロジウム、パラジウム、オスミウム、イリジウムを加えた8種類の金属をいう。

宝飾用にはホワイトゴールドという白い貴金属もあるが、これは金とニッケルなどとの合金である。ちなみにホワイトゴールドの直訳は"白金"であろうが、白金はプラチナのことと決まっている。そのため、ホワイトゴールドは日本語では"白色金"と呼ぶ。

金の純度はK（カラット karat）で表す。24 Kを純金とし、50％純度なら12 Kである。宝石に用いるカラット Ct（car；carat）は重さの単位であり、1 Ct ＝ 0.2 gである。なお、真珠の単位は匁（1匁 ＝ 3.75 g）という日本の尺貫法に基づく単位であり、これは真珠養殖を成功させた御木本幸吉に敬意を払ったものといわれる。

宝石の主成分は、炭素からできたダイヤモンド、

御木本幸吉（©ミキモト真珠島）

二酸化ケイ素 SiO_2 からできた水晶や、真珠、珊瑚などの生物起源のものを除けば、その主成分は金属元素である。赤いルビーと青いサファイアはともに酸化アルミニウム Al_2O_3 の単結晶であり、不純物としてクロム Cr が入ると赤くなり、鉄 Fe やチタン Ti が入ると青くなる。なお、宝飾品としては赤いルビー以外は全てサファイアと呼ばれる。

演習問題

5.1　金属元素の条件を三つあげよ。
5.2　金属結合を説明せよ。
5.3　金属が電気伝導性を持つ理由を説明せよ。
5.4　超伝導とは何か？
5.5　青銅、真鍮の成分はそれぞれ何か？
5.6　軽金属の条件と例をあげよ。
5.7　毒性を持つ金属の例と症状の例をあげよ。
5.8　レアメタルとは何か？
5.9　レアアースとは何か？
5.10　金、白金、銀の1 g当たりの価格はどれほどか？

第 6 章

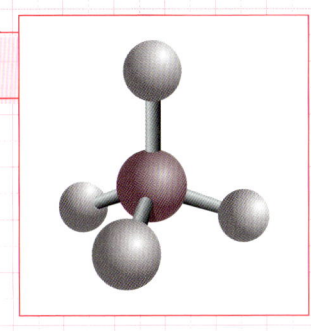

有機物は炭素でできている
—有機化学超入門—

　有機化合物の元々の意味は、「生命体が作る物質」という意味であった。現在では、有機化合物は炭素を含む化合物のうち、一酸化炭素 CO や二酸化炭素 CO_2 などのように簡単な化合物を除いた物と考えられている。私たちが日常的に触れ、利用する物には有機物が多い。食品やプラスチック、医薬品などの化学は第Ⅱ部で見ることにして、ここでは有機化合物の基本的なことを見ておくことにしよう。

6・1　有機化合物の結合と構造

　有機化合物は、例外を除くと共有結合でできている。そして炭素が作る共有結合には単結合（一重結合）、二重結合、三重結合などがある。それぞれの結合でできた典型的な化合物の構造を見てみよう。

A　炭素の結合手

　炭素は他の原子と共有結合で結合をし、そのための結合手を 4 本持っている。この 4 本の手は正四面体の頂点方向を向いており、その角度は 109.5 度である。これは海岸にある消波ブロックのテトラポッドに似た形である（図 6・1）。

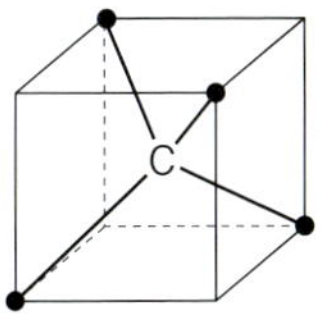

B　メタン CH_4 の構造

　メタンは有機化合物の中で最も基本的な構造をしたものであり、全ての有機化合物の構造の基本でもある。メタンの炭素はその 4 本の結合手で 4 個の水素原子と結合する。この結果、メタンの形はテトラポッドに似た、正四面体形となる（図 6・1 右）。メタンの C–H 結合は単結合で

☞ **炭素の結合手の方向**
炭素の結合手の方向は、立方体の中心に炭素原子を置き、8 個の頂点のうち一つ置きの 4 頂点方向に向いたものと考えることもできる。

☞ **液化天然ガス LNG**
メタンは天然ガスの主成分であり、運搬時には加圧して液体にする。これを液化天然ガス LNG と呼ぶ。

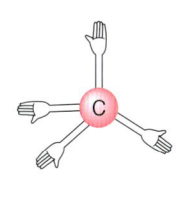

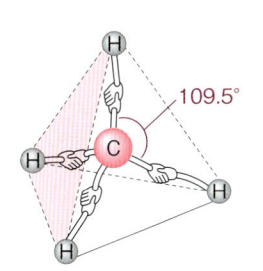

4 つの結合手　　　テトラポッド　　　メタン

図 6・1　炭素の結合手とメタンの構造

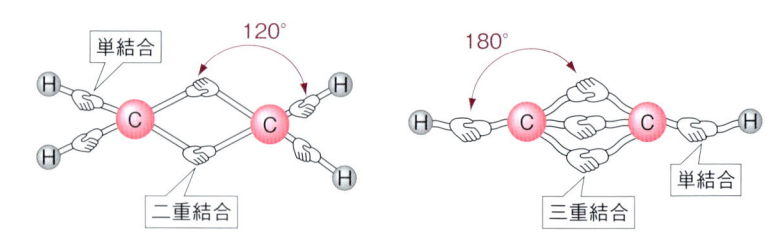

図 6・2 エチレン(左)とアセチレン(右)の構造

> **エチレンは果実を熟成させる**
> エチレンは果実の熟成ホルモンである。未熟な果実にエチレンを吸収させると熟成し、そのときにエチレンを発生する。リンゴは特に多くのエチレンを発生するといわれる。未熟な果実と熟したリンゴを一緒にビニール袋に入れておくと、未熟な果実が速く熟成するという。

> **アセチレン**
> アセチレンと酸素を混ぜた気体に着火したものは酸素アセチレン炎と呼ばれ、3500℃ほどの高温になるため、鉄の溶接などに用いられる。

> **芳香族は良い香り？**
> 芳香族化合物の"芳香"は"良い香り"という意味である。しかし、名前と実体は無関係である。芳香族化合物の中には良い香りのものも無いわけではないが、悪臭のものもある。ベンゼンはいわゆる石油臭さを強調したような匂いであるし、ピリジンの匂いは悪臭の典型でもある。

ある。

B　エチレン $H_2C=CH_2$ の構造

エチレンの 2 個の炭素は互いに 2 本ずつの結合手を使って結合する。このような結合を**二重結合**という。そして残った結合手で合計 4 個の水素原子と結合する。この結果、エチレンは 6 個の原子が同一平面上に並んだ平面形の分子となる（**図 6・2 左**）。

C　アセチレン H-C≡C-H の構造

アセチレンの 2 個の炭素は 3 本の結合手を使って結合する。このような結合を**三重結合**という。各炭素は残った 1 本の手で水素と結合する。この結果、アセチレンは一直線状の形となる（**図 6・2 右**）。

D　ベンゼン C_6H_6 の構造

ベンゼンは**芳香族化合物**といわれる化合物群の典型である。ベンゼンはエチレン 3 個が環状に結合したような構造である。すなわち、6 個の炭素を結ぶ結合は単結合と二重結合が交互に並んでいる（**図 6・3**）。こ

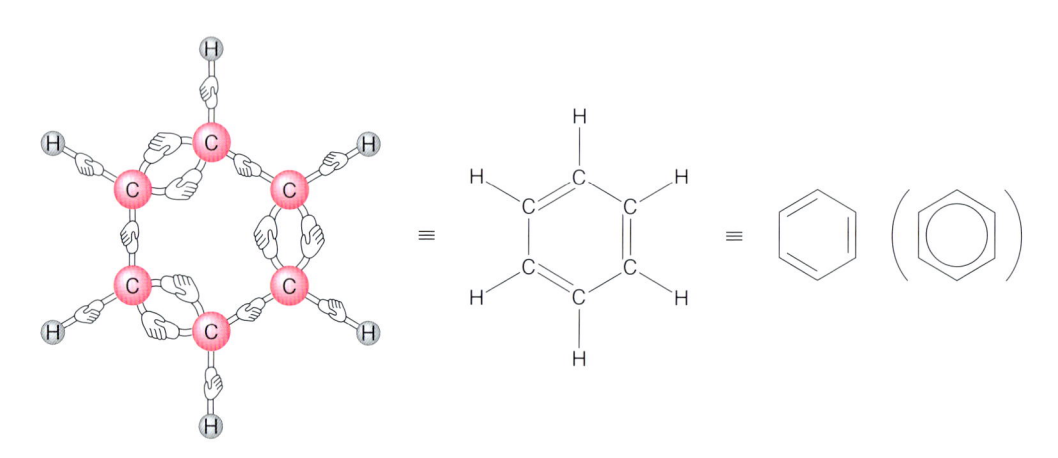

図 6・3　ベンゼンの構造

のような結合を一般に**共役二重結合**と呼ぶ。

共役二重結合では、単結合と二重結合の区別が無くなり、ベンゼンでは6本のC-C結合は全て等しくなる。この結果、各C-C結合は1.5重結合とでもいうような状態となる。ベンゼンは平面形で正六角形の分子である。

6・2 炭素だけでできた分子の構造

上で見た分子は炭素と水素からできており、一般に**炭化水素**と呼ばれるものである。しかし、炭素を含む分子の中には、炭素原子だけでできているものもある（図6・4）。このような分子を特に炭素クラスターと呼ぶこともある。

A ダイヤモンド

無数の炭素原子同士が、互いにメタンと同じように結合したものである。この結果、ダイヤモンドは1個の結晶が1個の分子というような構造になっている。

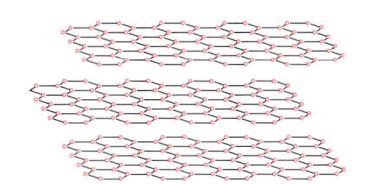

B グラファイト（黒鉛）

グラファイトは層状構造である。各層はベンゼン骨格が無数に並んだような平面構造をなしている。すなわち、六角形が無数に並んだ、鳥籠の金網のような構造である。

シクロヘキサン

ベンゼンに6個の水素が付いたものはシクロヘキサンと呼ばれ、有機溶媒に用いられる。シクロヘキサンは折れ曲がった構造である。

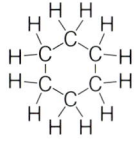

シクロヘキサン

同素体

同一の原子からできた分子が複数種あるとき、それぞれを互いに同素体という。O_2とO_3、あるいはダイヤモンドとグラファイト、カーボンナノチューブ、フラーレンなどがある。

グラファイトの性質

この結果、各層は互いに滑ることができるので、グラファイトは軟らかい。これが鉛筆の芯に利用される理由である。

カーボンナノチューブの利用

カーボンナノチューブは物理的に頑丈で切れにくい。そのため、強いロープ、例えば人工衛星と地上を結ぶ宇宙エレベーターのロープに利用しようとの夢もある。また電気伝導性もあるので、極小電子デバイスでの利用も考えられている。

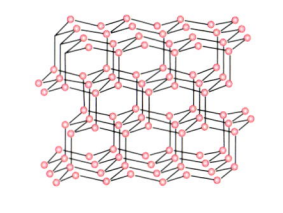

A ダイヤモンド

B グラファイト（黒鉛）

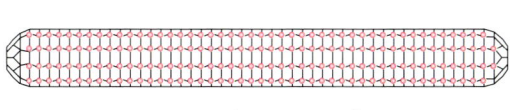

C カーボンナノチューブ

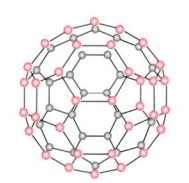

D C_{60} フラーレン

図6・4 炭素原子だけでできた分子（炭素の同素体）

C　カーボンナノチューブ

グラファイトの1層が丸まって円筒状になった細長い分子である。円筒の端は閉じていることが多い。また、太い円筒の中に細い円筒が入った層状のものもあり、七層構造になったものも知られている。

D　フラーレン

カーボンナノチューブがうんと短くなって球状になったものである。典型的なものは60個の炭素原子でできたC_{60}フラーレンであり、これは完全な球形である。

6・3　置換基

有機化合物の種類は大変に多く、ほとんど無数といってよいほどである。このような有機化合物を分類整理するときに便利なのが、**置換基**という考え方である。これは、有機化合物を分子本体部分と、それに結合した置換基部分に分ける考えである。

人間に喩えれば、本体部分は胴体であり、大きな個性は無い。それに対して顔に相当するのが置換基であり、その人の個性を決定する。顔を見れば性格が推定できるように、置換基を見ればその分子の物性、反応性をかなり正確に推定できる。

置換基は**アルキル基**と**官能基**に分けることができる。アルキル基はアルカン（後述）から1個の水素を取り去ったものであり、メチル基CH_3、エチル基CH_2CH_3が代表である（メチル基は-Me、エチル基は-Etと書かれることも多い）。アルキル基には大きな個性は無い。そのため一般に記号Rで書かれることが多い。

それに対して官能基の多くは、炭素、水素以外の、一般にヘテロ原子と呼ばれる原子を含むものが多い。官能基は個性的な性質を持つものが多い。そのいくつかを表6・1にまとめた。

6・4　有機化合物の性質

有機化合物には多くの種類があり、それぞれ特有の性質や反応性を持つ。代表的なものを見てみよう。

A　炭化水素

炭素と水素だけからできた化合物であり、典型的なものは6・1節で見たものである。

フラーレンの構造
フラーレンには炭素数が70個以上のものもある。これらは真球ではなく、回転楕円体である。

現代科学の花形フラーレン
フラーレンは現代科学における材料の花形である。球形で転がり摩擦が少ないことから潤滑油の原料になる他、半導体の性質があることから、太陽電池の原料にも利用される。

炭化水素の名称
二重結合を2個含むものはアルカジエン、3個含むものはアルカトリエンと呼ばれるが、一般的な呼び方ではない。なお、ジ、トリはそれぞれ2、3を意味するギリシャ語の数詞である。アルケンはオレフィンと呼ばれることも多い。

表 6・1　さまざまな官能基とその化合物

構造	名称	一般式	化合物の一般名	例	
―⟨ ⟩	フェニル基[†1]	R―⟨ ⟩	芳香族	CH₃―⟨ ⟩	トルエン
―OH	ヒドロキシ基	R―OH	アルコール フェノール	CH₃―OH ⟨ ⟩―OH	メタノール フェノール
＞C=O	カルボニル基	R＞C=O R	ケトン	CH₃＞C=O CH₃ ⟨ ⟩＞C=O ⟨ ⟩	アセトン ベンゾフェノン
―C(=O)H	ホルミル基	R―C(=O)H	アルデヒド	CH₃―C(=O)H ⟨ ⟩―C(=O)H	アセトアルデヒド ベンズアルデヒド
―C(=O)OH	カルボキシ基	R―C(=O)OH	カルボン酸	CH₃―C(=O)OH ⟨ ⟩―C(=O)OH	酢酸 安息香酸
―NH₂	アミノ基	R―NH₂	アミン	CH₃―NH₂ ⟨ ⟩―NH₂	メチルアミン アニリン
―NO₂	ニトロ基	R―NO₂	ニトロ化合物	CH₃―NO₂ ⟨ ⟩―NO₂	ニトロメタン ニトロベンゼン
―CN	ニトリル基（シアノ基）	R―CN	ニトリル化合物	CH₃―CN ⟨ ⟩―CN	アセトニトリル ベンゾニトリル

[†1] フェニル基は -C₆H₅, -Ph で表されることも多い．この場合トルエン（メチルベンゼン）は CH₃-C₆H₅, CH₃-Ph となる．

- **アルカン**：単結合だけでできたものをアルカンという．その種類と名前を**表 6・2**にあげた．
- **アルケン**：二重結合を 1 個だけ含んだものはアルケンと呼ばれる．
- **アルキン**：三重結合を 1 個だけ含んだものはアルキンと呼ばれる．

B　アルコール・エーテル

ヒドロキシ基 -OH を持つものを一般に**アルコール**という．また 2 個のアルキル基が酸素原子で結ばれたものを一般に**エーテル**と呼ぶ．

- **メタノール** CH_3OH：最も小さなアルコールである．有機物を溶かす力が強いので反応溶媒や洗浄に用いられるが，強い毒性を持つので

☞ **酒のアルコール度数**
酒類に含まれるエタノールの体積パーセントを度数で表す．すなわち，45 度のウイスキーはその体積の 45%がエタノールである（☞ 9・3 節参照）．

46　第 6 章　有機物は炭素でできている

プロパンガス・ブタンガス
プロパンは手ごろな燃料ガスとしてキャンプなどに利用される（☞ 2・4 節 側注参照）。ブタンはガスライターの燃料である。

表 6・2　アルカンの名称と構造

炭素数	名前	構造
1	メタン methane	CH_4
2	エタン ethane	CH_3CH_3
3	プロパン propane	$CH_3CH_2CH_3$
4	ブタン butane	$CH_3(CH_2)_2CH_3$
5	ペンタン pentane	$CH_3(CH_2)_3CH_3$
6	ヘキサン hexane	$CH_3(CH_2)_4CH_3$
7	ヘプタン heptane	$CH_3(CH_2)_5CH_3$
8	オクタン octane	$CH_3(CH_2)_6CH_3$
9	ノナン nonane	$CH_3(CH_2)_7CH_3$
10	デカン decane	$CH_3(CH_2)_8CH_3$

注意が必要である。

○ **エタノール** CH_3CH_2OH：最も一般的なアルコールであり、一般にアルコールという場合にはエタノールを指す。ブドウ糖のアルコール発酵で作られ、酒類に含まれる。エタノールには不純物として水が含まれることが多いが、その水分を除いたものを特に無水アルコールと呼ぶ。

○ **フェノール** C_6H_5OH：ベンゼンの 6 個の水素のうちの 1 個が OH に置き換わった（置換した）ものをフェノールという。アルコールは中性であるがフェノールは酸性であり、殺菌作用がある。

ポリフェノール
ベンゼン環に複数個のヒドロキシ基が置換した構造を持つ化合物を一般にポリフェノールという。漆に含まれるウルシオールやお茶に含まれるタンニンなどがよく知られている。ヒドロキノンやピロガロールは昔、写真の現像に用いられた。

ヒドロキノン　　ピロガロール

○ **ジエチルエーテル** $CH_3CH_2\text{-}O\text{-}CH_2CH_3$：2 個のエチル基からできたエーテルであり、一般にエーテルという場合にはこれを指す。有機物を溶かす力が強いので有機溶媒に用いられるが、揮発性と引火性が強いので使用には注意が必要である。麻酔性があるので、かつては全身麻酔に用いられたが、現在では少なくとも日本では用いられない。

C　カルボン酸

カルボキシ基 –COOH を持つ物を一般に**カルボン酸**、あるいは**有機酸**と呼ぶ。水素イオン H^+ を放出するので酸性である。

○ **酢酸**：食酢に3％含まれる。エタノールの酢酸発酵によって作られる。
○ **乳酸**：乳酸菌の発酵によって作られる。ヨーグルトをはじめ、チーズ、日本酒、漬物など各種の発酵食品に含まれる。

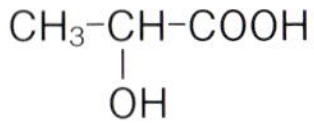

$$\text{CH}_3\text{-CH-COOH} \atop \text{OH}$$
乳酸

○ **クエン酸**：レモンや梅干しなどの酸味の原因物質である。クエン酸カリウムは高尿酸血症（痛風）の治療薬である。
○ **アミノ酸**：一分子内に、酸性の原因となるカルボキシ基と、塩基性の原因になるアミノ基を持った化合物である。タンパク質を構成する。

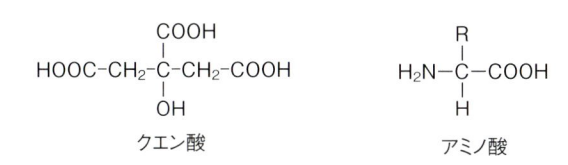

クエン酸　　　　　アミノ酸

👆 アミノ酸
広義にアミノ酸という場合には、分子内にアミノ基とカルボキシ基の両方を持つ有機物全般のことをいう。両置換基が同一炭素に付いたものはα-アミノ酸と呼ばれる。

D 窒素を含む化合物

アミノ基、ニトロ基、ニトリル基などは窒素原子を含んでいる。

○ **アミン**：アミノ基を持つ物を一般にアミンという。アミノ酸はアミンの一種と見ることもできる。アニリンは各種合成染料の原料として有名である。
○ **ニトロ化合物**：ニトロ基を持つ物には爆発物として有名なものがある。トリニトロトルエンやニトログリセリンがよく知られている（ニトログリセリンは硝酸エステルである；エステルについては7・3節の側注参照）。

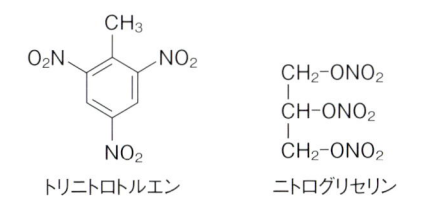

トリニトロトルエン　　ニトログリセリン

○ **ニトリル化合物**：ニトリル基を持つ物は毒性を持つことがある。有機化合物ではないが、シアン化カリウム（青酸カリ）KCN、それから発生する気体であるシアン化水素（青酸ガスHCN）はサスペンスで有名である（☞10・5節参照）。

👂 青酸カリの有効利用
青酸カリは猛毒であるが、工業的に重要な原料でもある。すなわち、青酸カリ水溶液は金などの貴金属を溶かすので、金メッキや金の採掘、精錬などに用いられる。シアン化ナトリウム（シアン化カリウムと同等品）は、日本だけで年間3万トン生産されている。

👆 シアノヒドリン
シアノヒドリンは酸に会うと分解してHCNを発生するので毒物である。青梅の種にはシアノヒドリンの誘導体であるアミグダリンが含まれるので、注意が必要である。

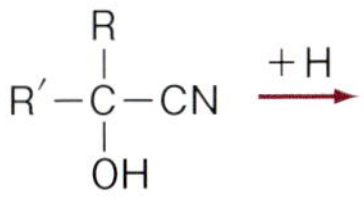

$$\underset{\text{シアノヒドリン}}{\text{R}'-\underset{\underset{\text{OH}}{|}}{\overset{\overset{\text{R}}{|}}{\text{C}}}-\text{CN}} \xrightarrow{+\text{H}}$$

$$\underset{\text{R}'}{\overset{\text{R}}{\text{C}}}=\text{O} + \text{HCN}$$

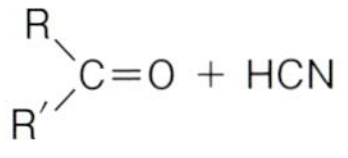

E 芳香族化合物

ベンゼン骨格を持つ炭化水素や、ベンゼンに類似した骨格を持つ化合物を特に**芳香族化合物**と呼ぶ。化学工業の原料として重要である。フェノールやピリジンは芳香族の一種である。

○ **トルエン**：かつては塗料を薄めるシンナーの材料に多用されたが、毒性があることから使用が中止された。

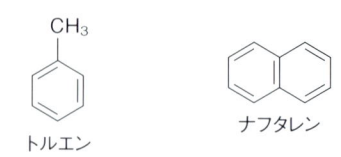

○ **ナフタレン**：無色の結晶であり、昇華性がある。箪笥(たんす)の防虫剤やトイレの消臭剤に用いられる。

> **ベンゼン取扱い上の注意**
> ベンゼン系の化合物には発がん性の疑いのあるものがあるので、取扱う際には換気を良くするなどの注意が必要である。

> **昇華**
> 固体が液体の状態を通らずに直接気体になることを昇華という。ドライアイスが一例である。

6・5 異性体

芳香族化合物の一種であるキシレンは 2 個のメチル基を持つが、その相対的な位置関係によって三種の化合物が生じる。それぞれをオルトキシレン、メタキシレン、パラキシレンという（図 6・5）。

このように、分子式（キシレンは C_8H_{10}）が同じで構造式の異なるものを互いに**異性体**という。異性体は分子式が同じというだけで、性質も反応性も互いに全く異なる物質である。

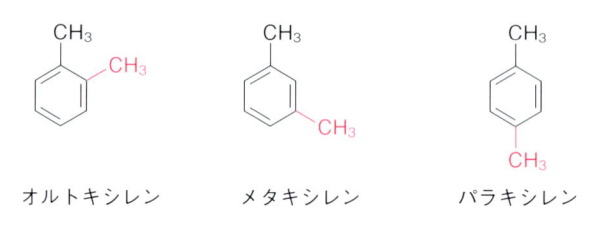

図 6・5 キシレンの異性体

> **置換ベンゼンの位置の名称**
> i：イプソ位, o：オルト位
> m：メタ位, p：パラ位

> **官能基の関与する異性体**
> 異性体には官能基の関与したものが多い。下記の二分子はともに分子式 C_2H_6O の異性体である。
> CH_3–CH_2–OH　アルコール
> CH_3–O–CH_3　ジメチルエーテル

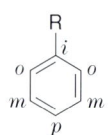

炭素数が 5 個のアルカンには、図 6・6 に示した 3 個の異性体がある。異性体の種類は、分子を構成する原子の個数が増えるにつれて爆発的に増加する。有機化合物の種類が多いのは、異性体の個数が多いことが原

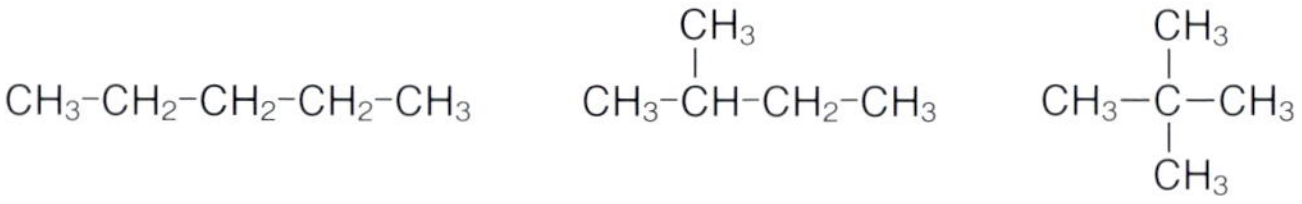

図 6・6　炭素数 5 のアルカン C_5H_{12} の異性体

> **立体異性**
> 下の例のように、置換基の立体的な位置関係に基づく異性を特に立体異性という。下記の例は特にシス・トランス異性といわれる。 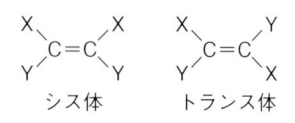
> シス体　トランス体

因である。表6・3に、アルカンの異性体の個数が、炭素数によってどのように増加するかを示した。

表6・3 炭素数と異性体の個数の関係

分子式	異性体の個数
C_4H_{10}	2
C_5H_{12}	3
$C_{10}H_{22}$	75
$C_{15}H_{32}$	4,347
$C_{20}H_{42}$	366,319

6・6 化石燃料

天然ガス、石油、石炭などは、太古の生物の遺骸が地中に埋まり、地熱や地圧によって変化したものと考えられるので、一般に**化石燃料**と呼ばれる。したがって化石燃料の埋蔵量は有限である。現在知られている埋蔵資源を現在の技術で採掘し、現在のペースで消費したら、何年後に資源が枯渇するかを表した年数を**可採埋蔵量**という。一般に、天然ガス、石油は40年ほど、石炭は120年ほどという。

石炭の分子構造はベンゼン環を含む複雑な構造であり、規則性はほとんど無い。それに対して、天然ガス、石油の分子構造の主体はアルカンである。すなわち、炭素数1のアルカン、つまりメタンが天然ガスである。そして炭素数2〜4程度は気体なので石油ガスと呼ばれ、それ以上が原油となる。原油を蒸留し、沸点の違いによって分けたものがガソリン、灯油、重油などである。その主な分類を表6・4にまとめた。

表6・4 炭素数による石油の分類

CH_3-CH_2- ----- CH_2-CH_3
炭素数 = n

n	名前
5〜11	ガソリン
9〜18	灯油
14〜20	軽油
>17	重油
>20	パラフィン
数千〜数万	ポリエチレン

化石燃料の埋蔵量
化石燃料の埋蔵地は今後も発見される可能性があり、深海などにあって現在では採掘不可能なものも将来は採掘可能になろう。また、省エネ技術が発達すれば使用ペースは下がるだろう。この結果、可採埋蔵量はだんだん長くなる。現に40年ほど前にも、石油の可採埋蔵量は30年といわれていた。

ノックス・ソックス
化石燃料には窒素N、硫黄Sなどが不純物として含まれる。これが燃焼したものが窒素酸化物（NOx、ノックス）、硫黄酸化物（SOx、ソックス）である（☞ 第15章参照）。

コラム　ダイヤモンドと金

ダイヤモンドは炭素だけでできた物質（分子）としてよく知られている。ダイヤモンドは高い屈折率と全物質中最大の硬度を持ち、「何物にも傷つけられることのない高貴な物質」である、というキャッチフレーズによって女性の心をとらえている。

ダイヤモンドなど、宝石の重さはカラット Ct（1 Ct = 0.2 g）で表示される（☞ 第 5 章コラム参照）。普通の指輪にするダイヤは 0.3 Ct 程度である。これまでに見つかったダイヤの中で最大のものは、アフリカの鉱山で発見された 3106 Ct、620 g のものであり、"カリナン原石"と命名された。ダイヤの比重は約 3.5 であるから体積で約 180 mL、牛乳瓶の内容積、大人の握りこぶしほどの大きさである。

これは英王室に寄贈されたが、なんと、劈開（割られて）・研磨されて、いくつかの小さい宝石にされてしまった。その最大のものは"アフリカの宝石"と名付けられたが、重さは 530 Ct になってしまった。これは英国王笏（王が持つ杖）に取り付けられている。2 番目に大きいものは 318 Ct で、英帝室王冠に付いている。これらはいずれも英国王の戴冠式で用いられる。機会があったらその辺に注目するのも面白いであろう。

ところで、ダイヤモンドと並んでアクセサリーとして重用される金の価値は K（カラット）で表されるが、これは重さではなく、純度である。純金を 24 K とするので 14 K は純度 60 % ほどとなる。名古屋城の金のシャチホコ（写真）は、創建当時は慶長小判を鋳つぶしたので純度 18 K であったが、その後 尾張藩の財政が逼迫するごとに改鋳されて、最後は 10 K 程度になっていたという。シャチホコは尾張藩の貯金箱だったのである。

金の鯱（名古屋城総合事務所蔵）

演習問題

6.1　単結合、二重結合、三重結合、それぞれを持つ化合物の構造式を示せ。
6.2　ベンゼン、トルエン、ナフタレンの構造式を示せ。
6.3　炭素の同素体 4 種をあげよ。
6.4　炭化水素の例を構造式とともに示せ。
6.5　アルコールの例を構造式とともに示せ。
6.6　エーテルの例を構造式とともに示せ。
6.7　カルボン酸の例を構造式とともに示せ。
6.8　アミノ酸とは何か？
6.9　異性体とは何か？　例をあげて説明せよ。
6.10　化石燃料とは何か？

第 7 章

生命体をつくるもの
―生体分子の世界―

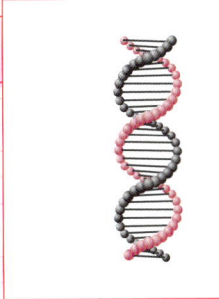

　科学の目標は自然を解明することである。解明とは何か？　一つは、自然の原理を人間の言葉（それは数式、化学式を含める）で説明し尽くすことである。そしてそれができたら、自然を人工的に再現できるはずである。これを生命に当てはめたら、科学の目標の一つは人工生命を誕生させることである、ということになるのかも知れない。そして、もしそうなら、その目標に最も近い所にいるのは化学であろう。

7・1　生命体の条件

　生命とは何だろう？　その答えはまだ不明である。しかし、生命体の条件とは何だろう？　ということの答えはほぼできている。それは
　① 自分で自分を養うことができること。
　② 自分を再生できること。
である。

A　ウイルス

　生命体であるかどうかを審査する場合に、いつも境界線に引っかかるのが**ウイルス**である。彼は上記の ① の条件をクリアできない。彼は宿主に寄生して宿主の栄養によって自分を養う。しかし、寄生するのはウイルスに限らない。寄生虫はまさしく寄生して生きているし、寄生植物もある。それにもかかわらず、寄生虫や寄生植物が生命体であることに異論をはさむ向きは無い。
　それでは、ウイルスが生命体であるかどうかを疑われるのは何故だろうか？　ウイルスは遺伝を司る核酸も持っているし、酵素になるタンパク質も持っている。それでは、ウイルスが生命体として認めてもらうために欠いているものは何だろう？
　ウイルスの欠いているものは細胞構造である。彼は細胞膜や細胞小器官などの細胞構造を持っていないため自活できないし、また自力では増殖することができず、他の生物の細胞を借りて自身のコピーを作っているのである。

> ☝ **ウイルス**
> ウイルスはタンパク質でできた容器の中に核酸が収まったものである。ウイルスの中には結晶として取り出されたものもある。

B　細胞（図7・1）

　全ての細胞は**細胞膜**（☞ 8・6節参照）という二分子膜で包まれた構

コラム　ミトコンドリア

　ミトコンドリアは、生物進化の初期段階で原始的な好気性細胞が真核細胞に取り込まれたものといわれている。いわば大きな細胞に共生する共生体である。

　その証拠にミトコンドリアは独自のDNAを持ち、宿主（大型共生細胞，すなわちわれわれがいう細胞）の遺伝とは無関係に、彼ら自身のDNAをコピーして子孫に伝える。しかも、遺伝するのは女性細胞に付随したものだけであり、男性細胞に付随したものは自然に消滅する。

　現在の人類は、ミトコンドリアDNAを過去に遡（さかのぼ）るとわずか数人の女性にたどりつくといわれ、彼女らはミトコンドリアイブといわれることがある。

　ミトコンドリアは宿主細胞の中で主にエネルギー代謝を行っている。決して宿主の中で安眠をむさぼっているわけではないことが重要なことである。何やら女性が偉く見えてくる？ から不思議である。

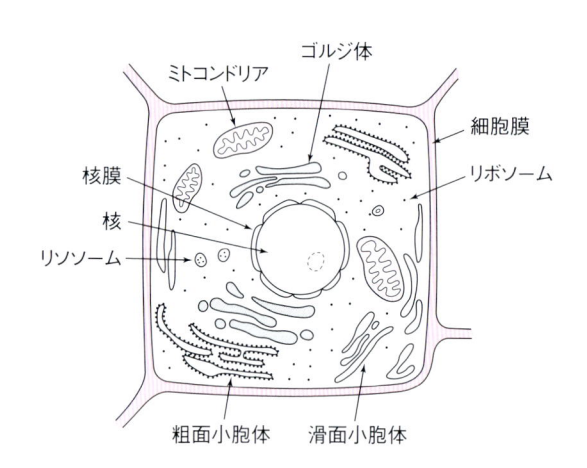

図7・1　真核細胞の構造（動物細胞の例）と細胞の構成成分

細胞の分類

細胞は核の有無や個数によって次のようにも分類される。

細胞
- 原核細胞：核を持たないもの
- 真核細胞
  - 単核細胞：一個の核しか持たないもの
  - 多核細胞：複数個の核を持つもの

造体である。細胞の内容物は一般に細胞質といわれるが、ヒトの体を作るような真核細胞では、核やミトコンドリア、ゴルジ体などという細胞小器官があり、核の中には核酸といわれるDNAやRNAが入っている。細胞小器官は生体膜によって包まれており、そこには脂質やタンパク質などが挟み込まれている。

　細胞小器官以外の細胞質は細胞質基質と呼ばれる。ここには細胞の活動を支える各種の物質、栄養素などが入っている。

7・2　糖　類

　植物は二酸化炭素と水を原料とし、太陽光エネルギーを使って葉緑体で糖を合成する。動物はその糖を食べることによって間接的に太陽光エネルギーを利用する。つまり、糖は太陽光の缶詰のようなものである。

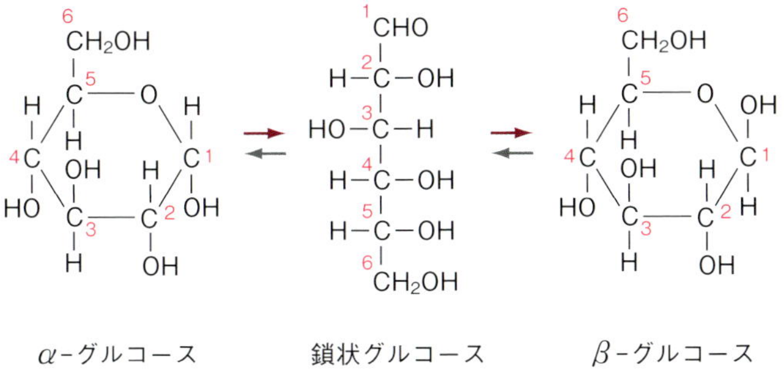

7・2 糖 類

図7・2 グルコース（ブドウ糖）の鎖状構造と環状構造

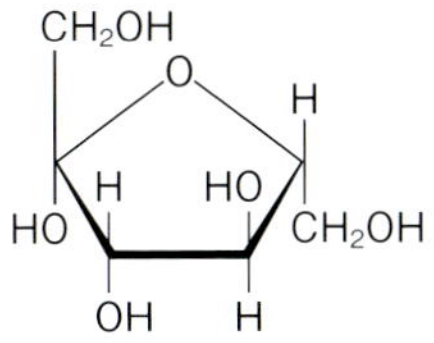

図7・3 フルクトース（果糖）の構造

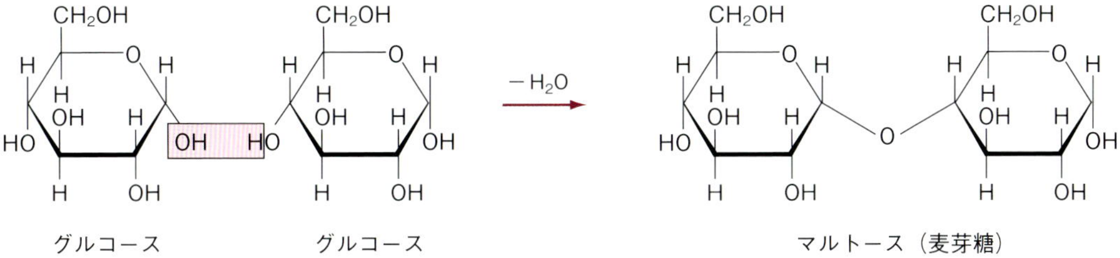

図7・4 マルトース（麦芽糖）の構造

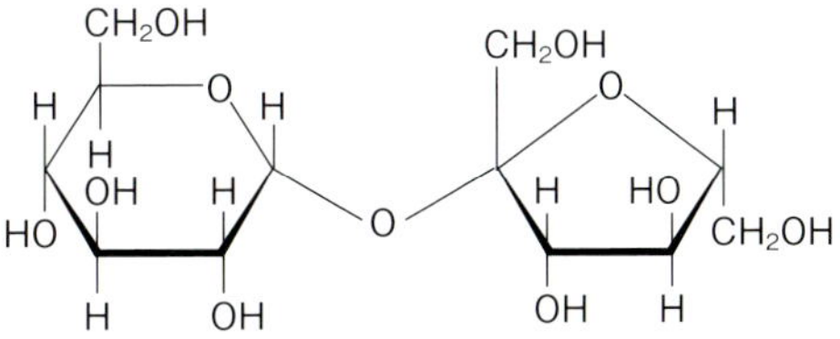

図7・5 スクロース（ショ糖）の構造

　植物が最初に作る糖は単糖類といわれる単位糖であり、単糖類は2個結合して二糖類になり、さらにたくさん結合して多糖類となる。

　単糖類には多くの種類があるが、大切なのはグルコース（ブドウ糖；図7・2）とフルクトース（果糖：図7・3）である。水溶液においてグルコースは、二種類の環状構造（α形とβ形）と一種類の鎖状構造の間で平衡状態となっている（図7・2）。

　2個のα-グルコースの間で水分子が脱離することによって結合（脱水縮合）したのが**二糖類**のマルトース（麦芽糖；図7・4）である。また、α-グルコースとフルクトースからできたものはスクロース（ショ糖、砂糖；図7・5）といわれる。

　たくさんの単糖類が脱水縮合したものが**多糖類**である。一般に多数個の単位分子が結合したものを高分子といい、多糖類のように天然に存在する高分子を**天然高分子**という（☞11・1節参照）。

糖類の甘さ
糖類の甘さはスクロースの甘さを基準（100）にして表現する。グルコースは60〜80であり、果糖は120〜170である。しかし果糖の甘さは温度によって異なり、高温では60になる。スクロースより甘くなるのは40℃以下のときである。果実は冷やした方が美味しいのはこのような理由である。

転化糖
砂糖を分解してグルコースと果糖の混合物にしたものを転化糖という。

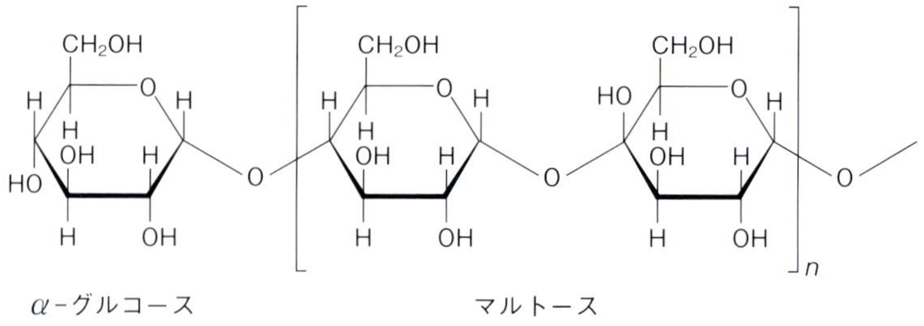

図7・6 デンプン（アミロース）の構造

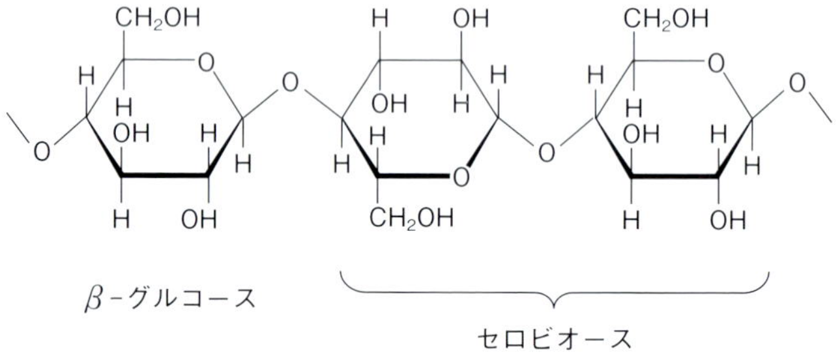

図7・7 セルロースの構造

α-グルコースが高分子化したものがデンプン（図7・6）であり、β-グルコースが高分子化したものがセルロース（図7・7）である。ともに分解すればグルコースとなり、栄養源になるのだが、人間はセルロースを分解する酵素を持っていないので、セルロースを栄養として用いることはできない。

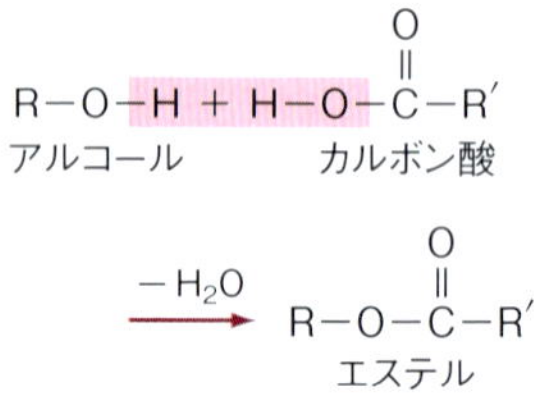

7・3 脂　質

生体に関連した分子のうち、水に溶けないものを一般に**脂質**という。脂質にはホルモンや脂溶性ビタミンなど多くの種類があるが、ここでは油脂といわれるものについて見てみよう。

油脂のうち、常温で固体のものは**脂肪**と呼ばれ、液体のものは**脂肪油**と呼ばれる。油脂は、ヒドロキシ基を3個持ったアルコールであるグリセリンと、3個のカルボン酸が脱水縮合したエステルである（図7・8）。油脂を構成するカルボン酸を特に**脂肪酸**という。

脂肪酸のうち、炭素数が10個程度以下のものを低級脂肪酸、それ以上のものを高級脂肪酸と呼ぶが、明確な定義ではない。また、二重結合や三重結合などの不飽和結合を含むものを不飽和脂肪酸、含まないも

エステル
アルコールとカルボン酸の間の脱水縮合反応でできたものをエステルといい、この反応をエステル化という。

$$R-O-H + H-O-\overset{O}{\underset{\|}{C}}-R'$$
アルコール　　カルボン酸

$$\xrightarrow{-H_2O} R-O-\overset{O}{\underset{\|}{C}}-R'$$
エステル

脂肪と脂肪油
脂肪は主に飽和脂肪酸からできており、動物に多く含まれる。一方、脂肪油は不飽和脂肪酸を多く含み、植物や魚類に多く含まれる。脂肪油に水素を反応させて固体化したものを硬化油と呼び、マーガリンなどに用いられる。

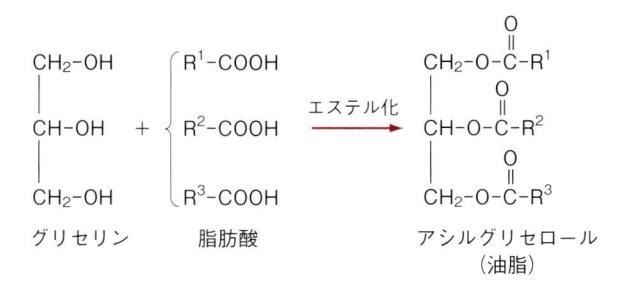

図7・8 油脂の生成

表7・1 代表的な飽和脂肪酸と不飽和脂肪酸

飽和脂肪酸		不飽和脂肪酸		
名　称	構造式	名　称	構造式	二重結合数
カプリル酸	$C_7H_{15}COOH$	オレイン酸	$C_{17}H_{33}COOH$	1
カプリン酸	$C_9H_{19}COOH$	リノール酸	$C_{17}H_{31}COOH$	2
パルミチン酸	$C_{15}H_{31}COOH$	EPA (IPA)	$C_{19}H_{29}COOH$	5
ステアリン酸	$C_{17}H_{35}COOH$	DHA	$C_{21}H_{31}COOH$	6

を飽和脂肪酸という(**表7・1**)。

7・4　タンパク質

　タンパク質は、筋肉やコラーゲンなどのいわゆる肉になるだけではない。酵素として生体で行われる化学反応を制御し、DNAの指令に従って遺伝形質を実現するなど、生体において重要な働きをしている。

　タンパク質は**アミノ酸**という単位物質が多数個脱水縮合した天然高分子である。タンパク質を構成するアミノ酸の種類は20種類に限られている。

　アミノ酸は**図7・9**のような構造であり、構造Aと構造Bの可能性がある。AとBは右手と左手の関係にあり、鏡に映すと互いに重なる。

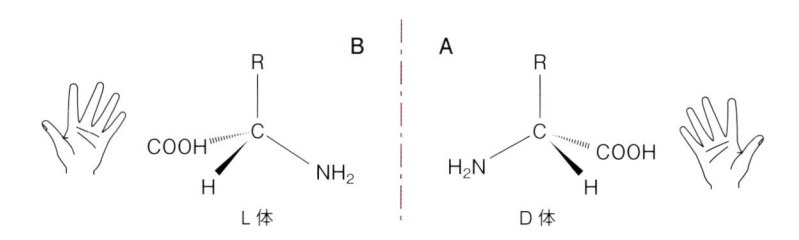

図7・9　アミノ酸の構造
L体とD体は鏡像異性体である。

脂肪酸の名称

脂肪酸のEPA(IPA、イコサペンタエン酸)は炭素数がイコサ(20)個、二重結合(エン)がペンタ(5)個のカルボン酸(アシド)である。またDHA(ドコサヘキサエン酸)は炭素数ドコサ(22)個、二重結合ヘキサ(6)個のカルボン酸である。

トランス脂肪酸

天然の不飽和脂肪酸の二重結合はシス配置であるが、硬化油に含まれる不飽和脂肪酸にはトランス配置の二重結合が含まれることがある。このような脂肪酸をトランス脂肪酸という。

シス形(オレイン酸)

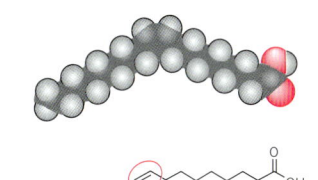

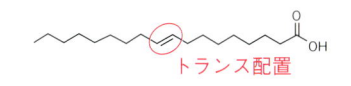

シス配置

トランス形(エライジン酸)

トランス配置

第7章 生命体をつくるもの

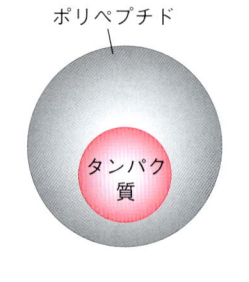

図7・10 ポリペプチドとタンパク質

しかし右手と左手が違うように、AとBは違う化合物である。このような関係にあるものを互いに**鏡像異性体**という。アミノ酸では一般にAをD体、BをL体という。

実験室でアミノ酸を合成すると、D体とL体の等量混合物ができる。しかし自然界には、きわめて少数の例外を除いてL体しか存在しない。その理由は不明である。

アミノ酸の間の脱水縮合反応を**ペプチド化**といい、生成物を**ジペプチド**という。多数個のアミノ酸がペプチド化したものを**ポリペプチド**といい、天然高分子の一種である。ポリペプチドのうち、特有の立体構造と機能を持ったものだけがタンパク質と呼ばれる（**図7・10**）。いわばタンパク質はポリペプチドのエリートである。タンパク質の構造の例を**図7・11**に示した。

味の素
味の素（グルタミン酸ナトリウム）のグルタミン酸はアミノ酸の一種であるが、微生物の発酵で作るため、L体のみである。

ラセミ体
1組の鏡像異性体の1:1混合物をラセミ体という。

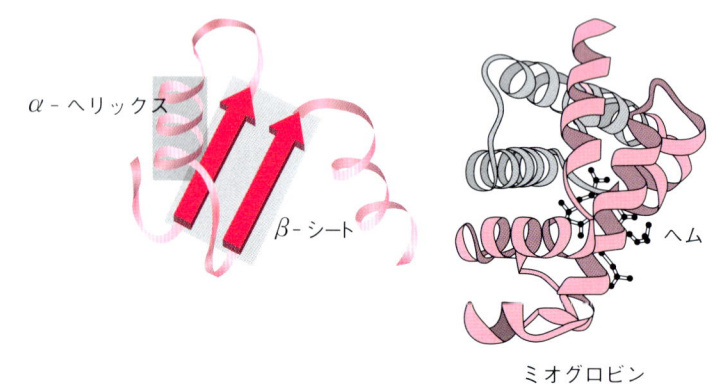

タンパク質の立体構造
タンパク質の立体構造は、ラセン状のα-ヘリックス構造と、平面状のβ-シート構造、およびそれを結合するランダムコイル部分からできている（図7・11参照）。

狂牛病とプリオン
狂牛病は、正常タンパク質であるプリオンが何らかの原因で立体構造が変化して、異常プリオンになることによって発病するといわれる。

図7・11 タンパク質の立体構造

7・5 核　酸

遺伝を支配する物質が**核酸**であり、**デオキシリボ核酸 DNA** と**リボ核酸 RNA** がある。母細胞から娘細胞へと、世代を超えた遺伝を担うのは DNA である。RNA は DNA を元にして娘細胞内で作られ、DNA が伝えた遺伝情報を発現させる役割をする。

A　DNA の構造と機能

DNA は二重ラセン構造をし、2 本の長い DNA 分子鎖（**図 7・12** では A 鎖と B 鎖）がよじれあうようにして結合している。2 個の DNA 分子鎖は水素結合によって緊密に結合している。各 DNA 分子鎖は、A、T、G、C という記号で表される 4 種の単位分子（**塩基**）が結合した天然高分子である。

A 鎖と B 鎖は、人形焼とその焼き型のように、互いに相補的な関係になっている。すなわち、両分子鎖の間で 4 種の塩基 ATGC は、必ず A-T、G-C が組み合うようになっているのである。つまり、B 鎖において、A 鎖の塩基 A に対応する位置には必ず塩基 T が結合しているのである。

DNA の役割は、タンパク質のアミノ酸配列を指定することである。DNA や RNA の 4 種の塩基の連なりのうち、3 個の配列を**コドン**というが、このコドンが特定のアミノ酸を指定するのである。この指令に従って RNA とタンパク質が協力してアミノ酸を選択し、結合して新たなタンパク質を作るのである。

旨味成分としての核酸
鰹節の旨さの成分であるイノシン酸や、シイタケの旨味成分であるグアニル酸は、ヌクレオチド構造を持つ核酸の一種である。

岡崎令治
DNA の分裂複製に関して画期的な発見をした岡崎令治博士は、ノーベル賞候補といわれながら、1975 年、44 歳で急死した。広島で原子爆弾に遭ったことによる白血病が原因であった。

コドン
例えばコドン ATG はアミノ酸 A、コドン TGC はアミノ酸 B を指定する、という具合である。

DNA とタンパク質の役割
DNA は髪の色や身長などを具体的に指定するわけではない。DNA は一群のタンパク質（酵素）を指定するだけである。このタンパク質群が協力して具体的な生体を形成する。タンパク質群はいわば大工集団である。大工集団の腕が良ければ美しくて機能性の高い家ができるが、腕が悪ければソコソコの家しかできない道理である。

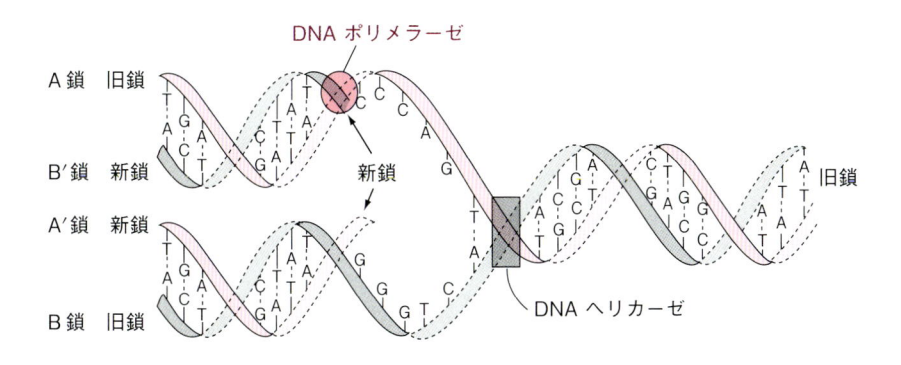

図 7・12　DNA の分裂と複製

B DNAの分裂と複製

細胞が分裂するときには DNA も分裂・複製して、元の DNA と全く同じ 2 個の DNA になって、各々の娘細胞に入っていく。この分裂と複製の過程を見てみよう（**図7・12**）。

まず DNA に DNA ヘリカーゼという酵素が付着し、二重ラセンを端から解いていく。すると解けた各 DNA 分子鎖に DNA ポリメラーゼという酵素が付着し、新しい DNA 分子鎖を合成していく。その際、旧 DNA の A 鎖を鋳型としてできる新 DNA 鎖は必ず、旧鎖の B 鎖に等しくなる。

このような仕組みによって、旧 A 鎖－新 B 鎖、旧 B 鎖－新 A 鎖という二組の DNA 二重ラセンができあがるのである。

7・6　ビタミン・ホルモン

微量で生体の活動を調整する物質がある。このような物質のうち、ヒトが自分で合成できるものをホルモン、できないものをビタミンという。

A　ビタミン

ヒトは**ビタミン**を食物として摂取しなければならない。ビタミンには水に溶ける水溶性ビタミンと、水に溶けない脂溶性ビタミンがある。ビタミンの摂取量が足りないと欠乏症が発症するが、脂溶性ビタミンは摂取量が多すぎると過剰症が現れる。

主なビタミンの欠乏症を**表7・2**にまとめた。

表7・2　主なビタミンとその欠乏症

主な水溶性ビタミン欠乏症		主な脂溶性ビタミン欠乏症	
ビタミン B$_1$	脚気	ビタミン A	夜盲症, 皮膚乾燥症
ビタミン B$_2$	成長障害, 粘膜・皮膚の炎症	ビタミン D	くる病, 骨軟化症
ビタミン B$_6$	成長停止, 体重減少, てんかん様痙攣, 皮膚炎	ビタミン E	神経障害
		ビタミン K	出血傾向, 血液凝固遅延
ビタミン B$_{12}$	巨赤芽球性貧血		
ビタミン C	壊血病		

DNAと染色体

各細胞には 1 組の二重ラセン DNA が入っている。普段は DNA は長い状態で存在するが、細胞分裂の際には複雑に折り畳まれて、ヒトの場合には 23 個の**染色体**に分かれる。

ビタミンA

ビタミン A は、植物色素であるカロテンが 2 分子に酸化分解することによってできる（**図7・13**）。

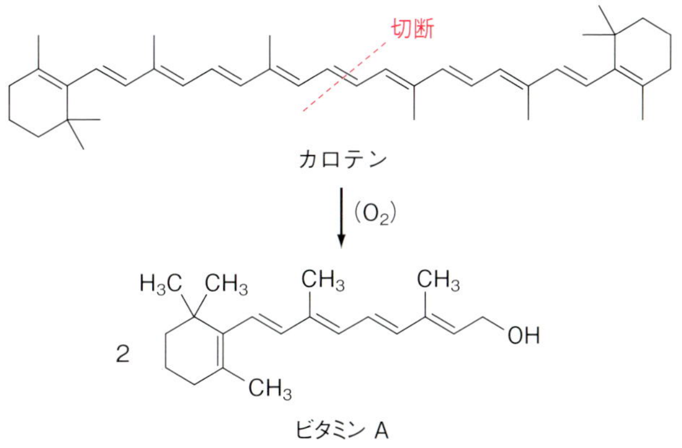

図7・13 ビタミンAのでき方

B ホルモン

　ホルモンは、特定の器官で合成された後、血流に乗って他の器官に移動して、そこで効力を発揮する化学物質である。性的特徴を支配する性ホルモンや、発育に関係するチロキシンなどの甲状腺ホルモン、血管や気管の拡張、収縮に関係するアドレナリンやノルアドレナリンなどがよく知られている（**図7・14**）。

　動物や昆虫などにみられる**フェロモン**は他の個体に影響する物質で、化学物質としてはホルモンと似た性質を持っている。

☞ **カイコガのフェロモン**
カイコガのフェロモンであるボンビコール（**図7・15**）は、1匹のメスが出す 10^{-10} g で100万匹のオスを狂乱させることができる。

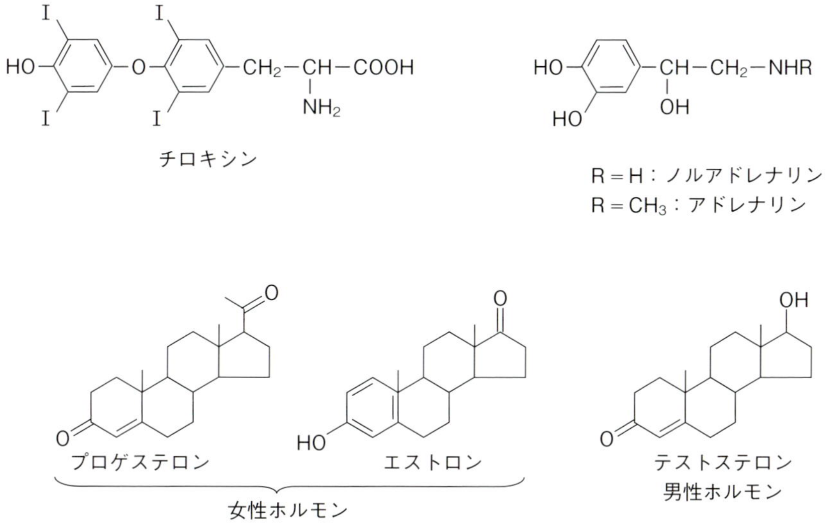

チロキシン

R = H：ノルアドレナリン
R = CH₃：アドレナリン

プロゲステロン　　エストロン　　　テストステロン
　　　　　　　　　　　　　　　　　男性ホルモン
　　　　女性ホルモン

図7・14　さまざまなホルモンの構造

図7・15　ボンビコール

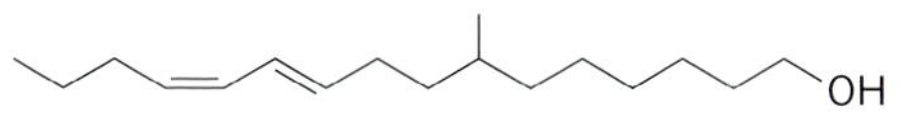

演習問題

7.1 生命体の条件を示せ。

7.2 細胞の核とは何か？

7.3 単糖類、二糖類、多糖類の例をあげよ。

7.4 脂肪と脂肪酸の関係を説明せよ。

7.5 EPA（IPA）、DHA とはそれぞれ何か？

7.6 タンパク質の立体構造について説明せよ。

7.7 DNA と RNA の違いについて説明せよ。

7.8 DNA がタンパク質の構造を指定する原理を説明せよ。

7.9 脂溶性ビタミン、水溶性ビタミンとはそれぞれ何か？

7.10 ホルモンとは何か？

第 II 部
生活と化学

第 8 章

シャボン玉のふしぎ
― 分子膜のはたらき ―

　シャボン玉は子供時代の懐かしい思い出である。しかし、シャボン玉には化学のエッセンスが詰まっている。シャボン玉の膜は、シャボン（セッケン）の分子が集まったものである。分子の膜からできた袋に空気の入ったものがシャボン玉である。分子でできた膜を一般に分子膜という。分子膜の典型は細胞膜である。細胞膜は細胞を囲んで維持するだけでなく、生命を支えるものである。細胞膜の母体である分子膜は、今後の医療を支える重要なものである。

👉 セッケンは塩基性
セッケンの親水性部分のうち、COO^- 部分は酢酸 CH_3COOH と類似の弱酸性である。それに対して、Na^+ 部分は水酸化ナトリウム $NaOH$ と同様の強塩基性である。そのため、セッケンは塩基性の洗剤である。

👉 イオン性
プラス（＋）あるいはマイナス（－）の記号の付いた原子群をイオン性分子という。

👉 中性洗剤
中性洗剤では親水性部分が $SO_3^- Na^+$ となっている。SO_3^- 部分は硫酸と同じように強酸性である。そのため、強塩基性の Na^+ 部分と釣り合うので中性であり、そのため中性洗剤といわれる。

👉 逆性セッケン
セッケンや中性洗剤では、分子本体部分が負に荷電し、対イオン*である Na^+ が正に荷電している。これらに対して、殺菌に使われる逆性セッケンでは、分子本体部分に NH_3^+ が付いて正に荷電し、対イオン Cl^- が陰イオンである。

* A^+B^- のようなイオン対では、相手のイオンを対イオンという。すなわち、A^+ は B^- の対イオン、B^- は A^+ の対イオンである。

8・1　セッケン

　セッケンは、テンプラ油などの油脂に、水酸化ナトリウム $NaOH$ を加えて作る。油脂はアルコールの一種であるグリセリンと脂肪酸からできたエステルである。油脂に水酸化ナトリウムを加えるとグリセリンと脂肪酸ナトリウム塩ができる（これを**けん化**という）。この脂肪酸ナトリウム塩が一般にセッケンといわれるものである。

$$
\begin{array}{l}
CH_2\text{-}OCOR \\
|\\
CH\text{-}OCOR \\
|\\
CH_2\text{-}OCOR
\end{array}
+ NaOH \longrightarrow
\begin{array}{l}
CH_2\text{-}OH \\
|\\
CH\text{-}OH \\
|\\
CH_2\text{-}OH
\end{array}
+ 3\,R\text{-}COONa
$$

　　　　油脂　　　　　　　　　　グリセリン　　　セッケン

　セッケン分子には、石油の分子と同じような炭化水素 CH_2 からできた部分と、$COO^- Na^+$ というイオン性の部分がある。炭化水素からできた部分は石油と同じように水に溶けないので**疎水性（親油性）**部分、それに対してイオン性の部分は水に溶けるので**親水性**部分と呼ばれる。

　セッケン分子のように、一分子の中に親水性の部分と疎水性の部分を併せ持つ分子を一般に**両親媒性分子（界面活性剤）**という。図8・1は両親媒性分子の例である。セッケンの他に中性洗剤、逆性セッケンなどがある。一般に親水性部分を〇、疎水性部分を直線 ── で表すことが多い。

8・2　分　子　膜

　水槽の水に両親媒性分子を溶かすと、親水性部分は水に溶けて水中に

8・2 分子膜 63

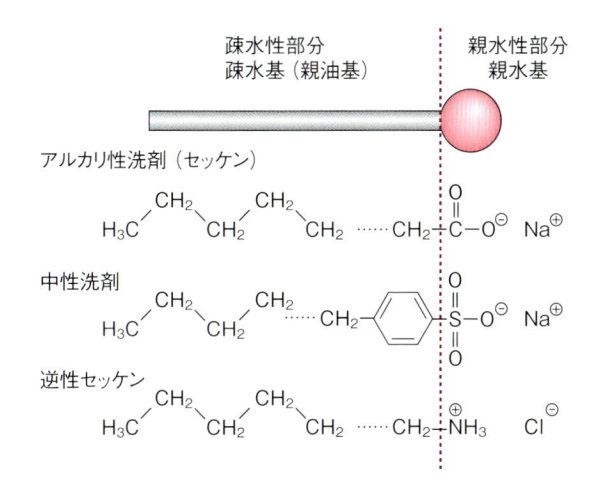

図8・1 両親媒性分子の構造

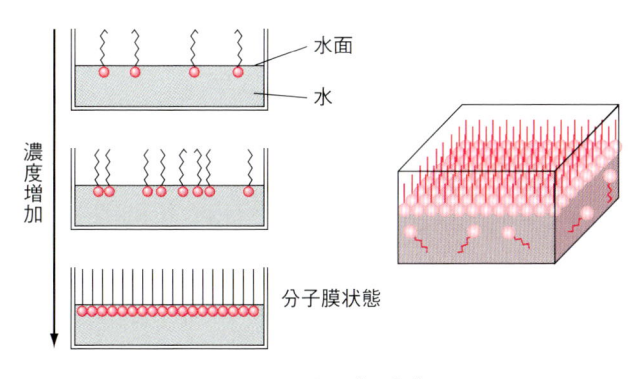

図8・2 分子膜の生成

入るが、疎水性部分は水に溶けないので水中に入らず、空気中に留まる。その結果、分子は逆立ちをしたような形で水面(界面)を漂う。

両親媒性分子の濃度を上げると、水面に浮かんだ分子はやがて水面を覆い尽くすようになる。この状態は、分子でできた膜が水面を覆ったように見えることから分子膜と呼ばれる(図8・2)。

分子膜で大切なことは、分子膜を構成する分子同士は結合していないということである。そのため、分子膜を構成する両親媒性分子は分子膜内を自由に移動することができる。そればかりでなく、両親媒性分子は時には分子膜から抜け出すこともできる。この場合、空いた場所には他の両親媒性分子が入ってふさぐことになる。

分子膜状態の水槽に適当な板を入れると、板の上に分子膜が乗る。このようにしてできた一枚の分子膜を**単分子膜**という。板を上下させると、分子膜が重なることになる。二枚重なったものを**二分子膜**、何枚も重なったものを**累積膜**あるいは**LB膜**という(図8・3)。二分子膜のう

界面とは
均一な組成の物体が、他の均一な組成の物体に接している面を界面という。表面(固体と気体)や水面(水と空気)などは界面の一種である。

弱い分子間力
分子間に働くのは水素結合や疎水性相互作用の弱い分子間力だけである。このような状態は、小学校の朝礼における子供たちの集団に似ている。上から集団を見ると子供たちの黒い頭の集合は黒い海苔のように膜状に見える。しかし子供たちの間に結合は無い。子供たちは一時も休まずザワザワと動き、隣の列に出かけてはチョッカイをだし、時にはオシッコと叫んで集団を離れ、終われはまた戻ってくる。

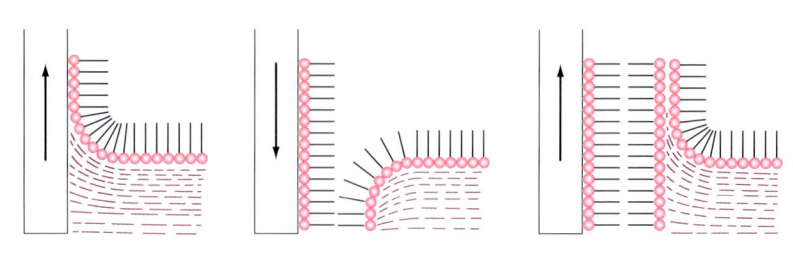

図8・3　LB膜のできかた

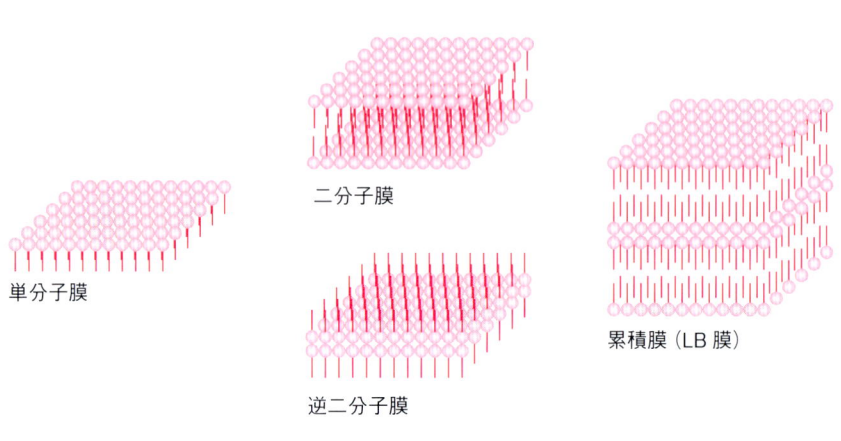

図8・4　さまざまな分子膜の構造

単分子膜
二分子膜
逆二分子膜
累積膜（LB膜）

> **LB膜**
> 分子膜を研究した二人の研究者、ラングミュア（Langmuir）とブロジェット（Blodget）の頭文字をとったもの。

ち、親水性部分を合わせて重なったものを特に逆二分子膜という（図8・4）。

8・3　ミセル

両親媒性分子の濃度を上げると、界面に並びきれない分子は仕方なく水中に入る。このような分子をモノマー（単量体）という。さらに濃度を上げるとモノマーが集まって集団（クラスター）を作る。この場合、疎水性部分を水に触れさせないためには、疎水性部分を集団の内部に入れて水から守り、親水性部分を外側に出せばよい。このようにしてできた集団を**ミセル**という（図8・5左）。

ミセルは大きくなると中空の袋状になり、内部に水（溶媒）が入ることになる。二分子膜でできた袋もあり、これを**ベシクル**という（図8・5右）。

> **逆ミセル・逆ベシクル**
> もし、油の中に両親媒性分子を入れれば、親水性部分を内部に入れたミセルができることになる。このようなミセルを逆ミセルという。また、逆二分子膜からできたベシクルを逆ベシクルという。

8・4　シャボン玉

シャボン玉は、洗剤という両親媒性分子からできた逆ベシクル（逆二

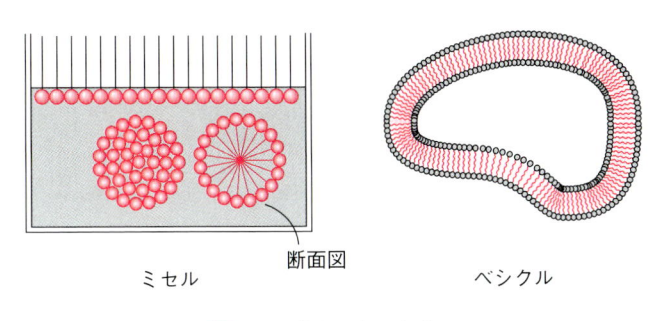

図8・5 ミセルとベシクル

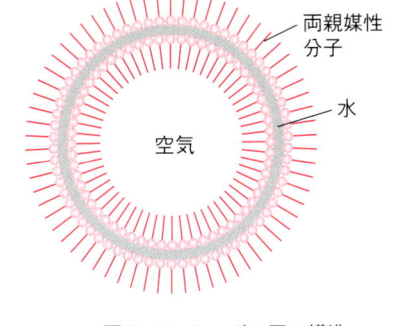

図8・6 シャボン玉の構造

分子膜でできたベシクル）である（**図8・6**）。親水性部分でできた合わせ目に水が入っている。シャボン玉が壊れると元の洗剤液に戻り、また改めてシャボン玉に生まれ変わることができるのは、分子膜において分子間に結合が無いということの証明になる。

8・5 洗　濯

　洗濯は、衣服に付いた油汚れを水という溶媒を使って除去する操作である（**図8・7**）。水に溶けるはずのない油汚れが衣服を離れて水相に移動するのは、両親媒性分子である洗剤のせいである。

　水中にある両親媒性分子のモノマーは、衣服の油汚れを見つけると、疎水性部分で油汚れに（分子間力で弱く）結合する。多くの両親媒性分子が結合すると、油汚れは分子膜で包まれたようになる。この包みは内部に油汚れが入っているが、外部は親水性部分で覆われており、包み全体としては親水性となっている。このため、包み全体として水中に移動する。これは、油汚れが衣服から落ちたことを意味する。洗濯はこのように高度に化学的な操作なのである。

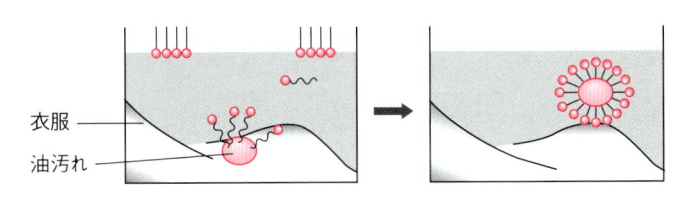

図8・7　洗剤が油汚れを落とす仕組み

🔊 シャボン玉の色
シャボン玉の水は、二分子膜の合わせ目に、いわば挟まっている。そのため、重力によって下部に移動し、また風によって移動し、シャボン玉の壁の厚さは刻々変化する。シャボン玉の色は、分子膜の各層によって反射された光の干渉によって生じた干渉色（構造色）である。そのため、シャボン玉の色は刻々変化する。

🔊 ドライクリーニング
ドライクリーニングは油汚れを油（有機溶剤）によって溶かし出す操作であり、いわば何の不思議もないことである。したがって、原理的にドライクリーニングでは水溶性の汚れは落ちないことになる。ドライクリーニングで水溶性の汚れを落とすには洗剤を用いなければならない。その原理は洗濯の原理と同じである。

🔊 ドライクリーニング用溶剤
以前はドライクリーニング用の溶剤としてトリクロロエチレンが用いられたが、発がん性が疑われたため、現在では用いられない。

トリクロロエチレン

コラム 人工細胞

人類はすでに、核酸である DNA、RNA を合成する手段を手に入れた。細胞膜を作る手段も完成している。この二つを組み合わせれば、人工生命体も可能のように見える。実際、人工のリン脂質ベシクルに人工 DNA を入れ、その他に適当なタンパク質や酵素を入れた人工細胞が合成されている。この細胞では、DNA は自ら分裂・複製を行い、それに伴って細胞分裂類似のベシクル分裂？が起こる。この人工細胞は人工生命体とはいえないのだろうか？

この人工細胞のタンパク質、酵素などは天然のものを用いているが、これらはもちろん非生命体である。人工的に非生命体を組み合わせて作った生命体は、人工生命体ではないのだろうか？

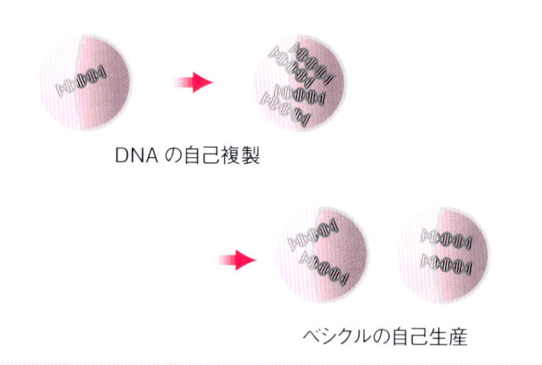

DNA の自己複製

ベシクルの自己生産

8・6 細 胞 膜

生命体と非生命体を分ける基準は**細胞膜**（細胞構造）の有無である（☞ 7・1 節参照）。生命体は細胞膜（細胞構造）を持ち、非生命体は細胞膜を持たない。細胞は細胞膜で包まれているが、この細胞膜は二分子膜そのものである。したがって、二分子膜の有無が生命体と非生命体を峻別していることになる。

生体におけるリンの役割
リン P は、細胞膜の成分であると同時に、DNA や RNA、ATP の成分でもあり、生命活動の重要な位置を占めている。「生命活動はリン酸の活動だ」という研究者もいるほどである。

A リン脂質

細胞膜を作る両親媒性分子は**リン脂質**といわれるものである。この分子は、先に見た油分子から 1 個の脂肪酸が加水分解して外れ、その部分

油脂 + 3 H₂O —加水分解→ グリセリン + 3 脂肪酸

親水性部分 / リン酸部分

図 8・8 リン脂質の構造

にリン酸 H_3PO_4 がエステル結合したものである（図 8・8）。

この分子において親水性部分は、元の分子のエステル部分と、新たにできたリン酸エステルの部分であり、疎水性部分はカルボン酸のアルキル基部分である。そのため、リン脂質は1個の親水性部分から2本の疎水性部分が出ることになる。

B　細胞膜

図 8・9 は細胞膜の模式図である。基本部分はリン脂質からできた二分子膜で、一般に脂質二分子膜といわれるものであり、そこにはタンパク質、糖、コレステロールなど、種々雑多な分子が挟み込まれている。

これらの分子は細胞膜に結合しているのではなく、リン脂質の間に挟み込まれているだけである。そのため、海面に浮かぶ流氷のように、細胞膜上を移動できるばかりでなく、細胞膜から離れて細胞内、あるいは細胞外、さらには他の細胞の細胞膜に移動することすらある。分子膜はこのようにダイナミズムに富むものである。

> **分子膜**
> 核、ミトコンドリアなど、細胞内の構造を包む膜は全て細胞膜と同じ成分からできている。

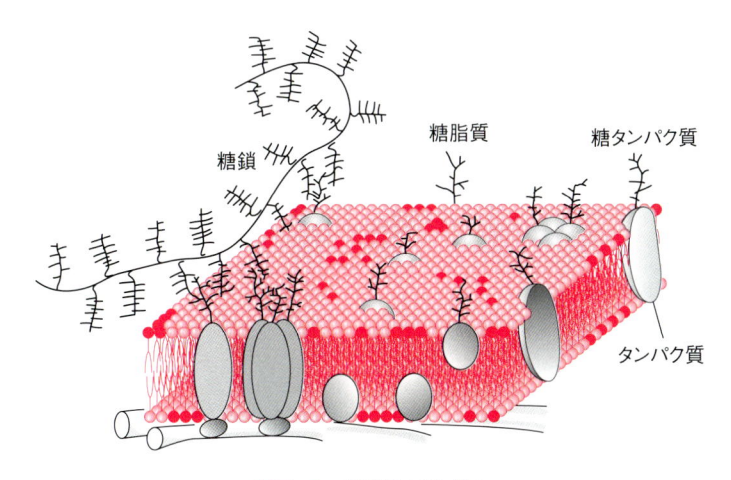

図 8・9　細胞膜の模式図

8・7　分子膜の機能

分子膜は細胞膜の基本部分をなすものである。したがって分子膜の機能は生化学、医療と密接に関係している。

A　DDS

DDS は drug delivery system の略であり、薬剤配送システムである（図 8・10）。

抗がん剤はがん細胞を攻撃するが、健常細胞をも攻撃する。これが副

図 8・10　薬剤配送システム（DDS）とは

作用の原理である。このような副作用を予防するには、抗がん剤を他の細胞に触れさせず、がん細胞だけに送り込めばよい。

これが DDS であり、いわば薬の宅配便である。DDS の方法の一つは、抗がん剤をベシクルに入れるのである。そしてベシクルの膜の部分にはがん細胞から抽出したがんタンパク質を埋め込む。するとベシクルはレーダー（がんタンパク質）でがん細胞を探査するように探し、そこをめがけて優先的に抗がん剤を送りつけるのである。

B　味覚センサー

味覚は、舌にある味細胞の細胞膜に味分子が接触することで起こる（☞ 9・4 節参照）。分子が接触すると細胞膜に電気刺激が起こり、それが神経細胞を伝って脳に行く。嗅覚も似たようなシステムと考えられている。

図 8・11 は、分子膜を利用して味を識別した実験例である。容器を適当な分子膜 1 で仕切り、片方に標準溶液、もう片方に試料溶液を入れ、分子膜間に現れる電位差、膜電位を測定する。互いに異なる 8 種類の分子膜を用いて、合計 8 種類の測定容器を作り、各々の装置に分子膜の番号を付ける。

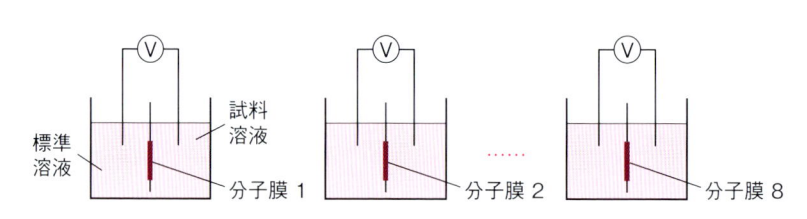

図 8・11　分子膜を利用した味覚の識別

磁性を持った抗がん剤
抗がん剤に磁性を持つ部分構造を結合させ、一方、がん部位に手術で磁石を埋蔵する。すると抗がん剤は磁石に引かれてがん部位に集中する、というアイデアに基づいた研究も進行している。この研究の目玉は、磁石に吸着する（磁性を持つ）有機物が開発された、ということである。

膜電位と神経情報伝達
分子膜を挟んだ膜電位が重要な役割を果たすのが神経細胞内の情報伝達である。これは、神経軸索からナトリウムイオン Na^+、カリウムイオン K^+ が出入りすることに伴う膜電位変化が信号となっている。

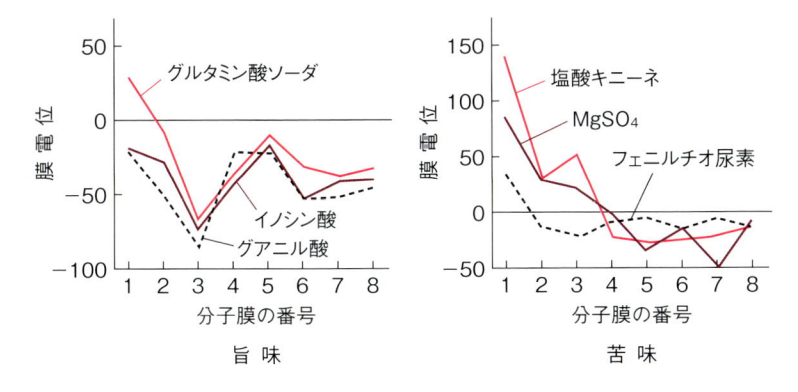

図 8・12 は、このような実験において各装置に現れた膜電位を折れ線グラフで表したものである。同じ味の分子は同じようなパターンを与えることがわかる。この装置を利用すれば、人間の舌に頼らなくても味の識別をすることが可能になる。

演習問題

8.1 両親媒性分子とは何か？
8.2 中性洗剤とは何か？
8.3 単分子膜とは何か？
8.4 二分子膜とは何か？
8.5 シャボン玉の構造を図示せよ。
8.6 洗濯で油汚れが落ちる原理を説明せよ。
8.7 ドライクリーニングで水溶性の汚れを落とすにはどうすればよいか？
8.8 細胞膜の構造を説明せよ。
8.9 リン脂質とは何か？
8.10 DDS とは何か？

第 9 章

私たちの食べているもの
―食料品の化学―

　全ての生命体は、自分以外の世界から栄養分を摂取する。そしてそれを化学分解し、その成分を自分の成分に変え、その反応エネルギーによって生命を維持している。したがって、生命体の一種である私たち動物にとって、食品を摂取する、すなわち"食べる"ということは、生命活動の最も基本的な動作である。自然界の一員である私たちが食べるものは本来、自然界のものであった。しかし、高度に文明化された現在、私たちが食べる物質は、自然界にあるものとは微妙にその姿を変えつつある。

9・1　主　食

　地球上には70億を超える人類が生存し、100を超える国家があり、それに相当するほどの人種が存在する。それぞれの人種、国家、家庭にはそれぞれの食文化があり、それぞれの食習慣がある。しかし、毎日何回か、ほぼ決まった時間に食事をする習慣は人種を越えたものである。そして、食卓に上るものは多くの場合、主食と副食に分けて考えることができる。その主食はご飯であり、パンであり、麵であるというように多様であるが、その主成分はデンプンである。

　デンプンを摂取した場合、消化器官に存在する酵素によって加水分解され、単糖類のグルコースになってから吸収される。

A　デンプンの分子構造

　デンプンは7・2節で見たように、単糖類であるα-グルコースを単位分子とした天然高分子である。デンプンはその分子構造によって**アミロース**と**アミロペクチン**の二種類に分けられる（**図9・1**）。

　アミロースはグルコースが直鎖状に並んだ構造である。しかし、真っ直ぐな直線状ではなく、ラセン状をしている。すなわち、6個ほどの単位分子が1ループとなってラセンを形成しているのである。このループの中には小さな分子が入ることができる。すなわち、ヨウ素分子 I_2 はループの中に入って青い色を呈する。ヨウ素デンプン反応はこのような機構によって青くなるのである。

　それに対して、アミロペクチンは枝分かれ構造をしている。米で考えれば、もち米のデンプンはほぼ全てがアミロペクチンであるが、普通の米、すなわち うるち米には30 %程度のアミロースが含まれる。

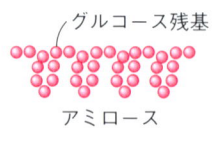

図9・1　アミロースとアミロペクチン

B　デンプンの立体構造

乾燥状態のデンプンはラセン構造、あるいは枝分かれ構造のまま固化している。この状態をデンプンの結晶状態といい、消化酵素が入り込む余地が無い。このようなデンプンを β-デンプンという。

このデンプンに水を加えて加熱すると、デンプン分子の間に水が入ってデンプンが軟らかくなる。この変化を糊化といい、この状態のデンプンを α-デンプンという。ご飯を炊くという操作は、生米の β-デンプンを α-デンプンに変えるという操作である。

α-デンプンはそのまま、水分のある状態で冷却すると β-デンプンに戻る。これが冷や飯の状態である。しかし、α-デンプンから水分を除くと、α-状態のままで固定される。これがパンの状態である。

9・2　副　食

副食にはいろいろの種類があるが、化学的に見た場合、主なものは多糖類、タンパク質、油脂である（☞ 第7章参照）。

多糖類の主なものはデンプンであるが、野菜にはかなりの量のセルロースが含まれ、これが繊維質となって便通など体調の維持に役立っている。

A　タンパク質

肉や魚の主成分はタンパク質である。タンパク質は 20 種類のアミノ酸からできた天然高分子である。タンパク質を摂取すると酵素によって分解され、アミノ酸になってから吸収される。

この通りの消化吸収機構なら、たとえコラーゲンを食べたとしても、摂食した個体のコラーゲンになるとは限らない。しかし、アミノ酸に分解される前のジペプチドは、アミノ酸そのものより吸収速度が速いとの研究もある。吸収されたアミノ酸は分解されてエネルギー源になることもあるが、多くの場合は摂取した個体のタンパク質に再構成される。

B　油　脂

油脂は、グリセリンと脂肪酸の間でできたエステルである。グリセリンは全ての油脂で共通であり、植物油や動物油、さらには牛脂と豚脂などの違いは、脂肪酸の種類による。

余剰に摂取した油脂は体の脂肪分になり、ダイエットの大敵とみなされる。しかし、生体の絶対条件である細胞膜はリン脂質からできており、これは油脂とリン酸からできたものである。油脂は生体生存の必須食品

保存食としての α-デンプン

保存食としての α-デンプン利用の例には、パンや乾パンの他、お湯をかけて食べることのできるインスタントラーメン、非常食のアルファ米、あるいは戦国時代の焼き飯、干し飯など、各種ある。

コラーゲン

コラーゲンは、真皮、腱、軟骨などを構成するタンパク質であり、生体を構成するタンパク質としては最も多い種類である。人間では全タンパク質の 30 % はコラーゲンといわれる。コラーゲンを乾燥させたものがゼラチンである。したがってコラーゲンを摂取するのにゼリーは最適といえる。

タンパク質と絵画

タンパク質は接着剤としても利用される。伝統工芸に利用される膠は動物の腱を煮溶かしたものであり、コラーゲンである。日本画は顔料を膠で固着したものである。ルネッサンス画家のボッチチェリが多用した絵画技術はテンペラ描法であるが、これは顔料を卵黄のタンパク質で固着したものである。

ボッチチェリ画『プリマヴェーラ』

油絵具の成分

油絵は、顔料（着色に用いる粉末で、水や油に不溶なもの）を植物油脂で固着したものである。しかし植物油脂の脂肪酸は不飽和結合を含み、空気中の酸素によって劣化する。油絵が傷みやすいのはこのせいである。

である。

9・3　酒　類

酒類の基本成分はエタノールである。酒類に含まれるエタノールの体積パーセントは度数で表される。すなわちおおよそ、ビール＝5度、ワイン＝12度、日本酒＝15度、焼酎＝25度、ウイスキー、ブランデー＝45度というところである（表9・1）。

表9・1　酒類のアルコール度数と原料

種類	名称	度数	原料
醸造酒	ビール	3～9	大麦
	ワイン	10～15	ブドウ
	ラオチュウ（老酒）	15	もち米
	日本酒	15～18	米
蒸留酒	焼酎	～36	穀類, イモ
	泡盛	30～40	米
	ウイスキー	45	大麦
	ブランデー	45	ブドウ
	マオタイチュウ	35～47	コーリャン
	ウォッカ	40～90	穀類, イモ
	テキーラ	35～55	リュウゼツラン
	アブサン	55～90	糖蜜

飲料のエタノールは、**酵母**によるブドウ糖（グルコース）の**アルコール発酵**によって作られる。葡萄には大量のブドウ糖が含まれ、しかも果皮には天然酵母が付着している。したがって、葡萄は砕いて保存すれば葡萄酒（ワイン）になる。

しかし、穀物から作る酒類の原料はデンプンである。したがって、デンプンを分解してブドウ糖にするという操作が加わることになる。米を原料とする日本酒でこの操作を行うのは麹菌という微生物である。すなわち、日本酒は麹菌によるデンプンの分解と、酵母によるブドウ糖のアルコール発酵を同時に進行させるという操作の結果できるのである。

ウイスキーでは大麦を発芽させて麦芽にし、その中に含まれる酵素によってデンプンを分解する。

ビール、ワイン、日本酒のように、発酵させた状態で飲用するものを醸造酒という。醸造酒の度数は日本酒の18度程度が最高といわれる。それに対して、焼酎、ウイスキー、ブランデーのように、醸造酒を蒸留してアルコール分を高めたものを蒸留酒という。原理的に、蒸留酒の度数は100％近くまで高めることが可能である。

馬乳酒
モンゴルでは馬の乳から作った馬乳酒がある。これは馬乳に含まれる乳糖を発酵させたものである。馬乳は7％ほどの乳糖を含み、人乳と並んで糖濃度が高い。

マオタイチュウ
日本酒は米を炊いたご飯に麹菌、酵母と水を加えて、液体状態で発酵させる。それに対して中国の国酒といわれるマオタイチュウ（茅台酒）は、コーリャンを炊いたものに酵母を混ぜて、固体状で発酵させる。これを固体発酵といい、特殊な発酵法である。発酵が進むにつれて粥状になるので、その状態からアルコール分を蒸留する。地方によっては、この粥にストローを挿し、液体分を吸うという飲み方もあるという。

9・4　調　味　料

人は食物の味を舌で感じる。舌の表面には味蕾といわれる器官があり、そこに味細胞と呼ばれる特殊な細胞がある（**図9・2**）。食物が来て味細胞の細胞膜に接すると、細胞膜の電位（電圧）である膜電位が変化する。それを感じ取った神経細胞がその情報を脳に伝え、脳がその情報を元に味を感じるという仕組みである（☞8・7節参照）。

このようにして感じる味は複雑玄妙であるが、その基本は5種の味、甘い、酸っぱい、しょっぱい、苦い、旨いである。最後の旨味は日本人が加えたものである。以前は、西欧文化圏には旨いという感覚の意識が無かったが、現在では認めるようになっている。

食物は本来、それだけで美味しいものであるが、それをさらに美味しくして食欲を増進させ、さらには栄養の調和を図るために加えるのが調味料である。

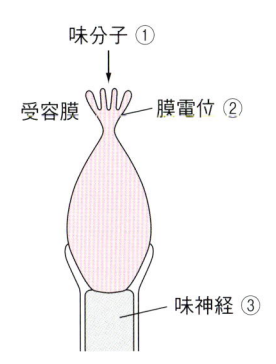

① 味分子が受容膜に結合
② 膜電位変化
③ 味神経に活動電位発生

図9・2　味細胞における情報伝達

A　甘味料

甘味を加える調味料には多くの種類があるが、天然甘味料の代表は砂糖（スクロース）である。砂糖はサトウキビの樹液を濃縮して得るが、純度によって各種の製品がある。最も純粋なのが氷砂糖やグラニュー糖であり、純度が下がるとザラメ、三温糖、黒砂糖などとなる。日本独自の作り方をした和三盆は不純物の種類が特殊であり、甘味以外に複雑な味を持つ。

果実には果糖（フルクトース）が含まれる。カバノキから得られるキシリトール（**図9・3**）は独特の清涼感を持った甘味料である。リンゴの蜜として知られるのはソルビトール（**図9・4**）である。

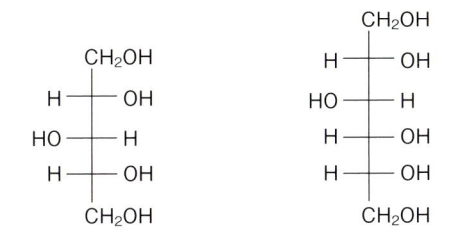

図9・3　キシリトール　　**図9・4**　ソルビトール

🎧 **リンゴの蜜は甘いか？**
ソルビトールの甘さは砂糖の60％であり、果糖の半分以下である。したがって、リンゴの蜜の部分を食べても特別に甘くはない。

B　酸味・塩味・辛味・旨味

酸味を加える調味料は食酢である。食酢は米酢であろうと葡萄から作るワインビネガーであろうと、その酸味成分は酢酸である。ただしポン

食塩の製法
日本では、塩化ナトリウムの製法がイオン交換膜を使った高度に現代的な方法になったため、不純物が少なくなって味が落ちたとの評価もある。

魚醤とは
穀物を使った醤油を一般に穀醤という。それに対して魚を原料にした醤油を魚醤という。魚醤には秋田のショッツル、能登のイジル、ベトナムのニョクマムなどがある（本章コラム参照）。

酢などに使う酸味は柑橘類から得たクエン酸である。

塩味の典型は塩であり、塩化ナトリウムである。日本では醤油、味噌が代表的な塩味の調味料である。醤油は大豆、小麦、塩などを原料とし、麹菌、乳酸菌などによって発酵させたものである。味噌は大豆と塩を原料とし、麹菌で発酵させたものである。

辛味は料理のアクセントであるが、辛味といっても、一般には味とはみなされず、むしろ痛みとして分類されることが多い。ワサビの辛味成分はワサビオール（図9・5左）であり、トウガラシの辛味成分はカプサイシン（図9・5右）である。

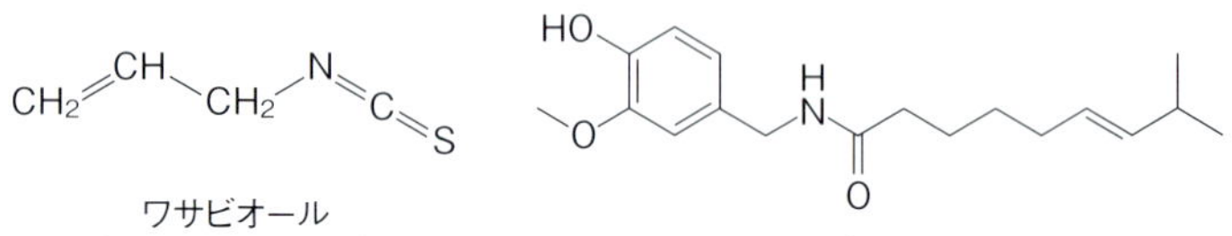

図 9・5　辛味成分の構造

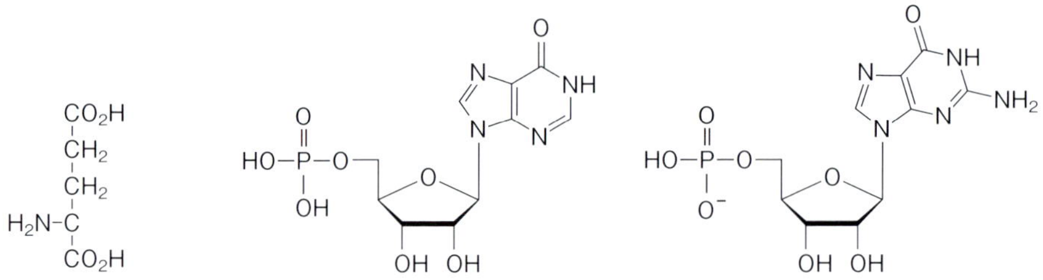

図 9・6　旨味成分の構造

旨味の素として有名なのは、昆布に含まれるグルタミン酸、鰹節に含まれるイノシン酸、キノコに含まれるグアニル酸などである（図9・6）。グルタミン酸はアミノ酸、イノシン酸とグアニル酸は核酸の一種である。

9・5　食品添加物

現代の加工食品には多かれ少なかれ食品添加物が含まれている。食品添加物の中には、自然界には存在しないものもあれば、自然界に存在するものを化学的に大量合成したものもある。

A 化学調味料
a 味の素

化学調味料の代名詞のようになっている"味の素"はグルタミン酸ナトリウム（**図9・7**）であり、天然物であるが、市販品はかつては化学合成され、現在では微生物による発酵で作られている。

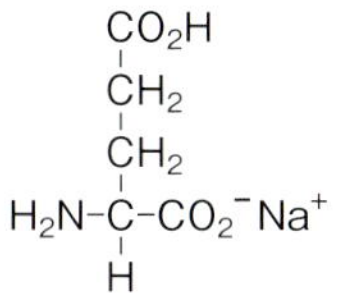

図9・7 グルタミン酸ナトリウム（味の素）

b 合成甘味料

甘味料には天然に存在しない合成甘味料が多い（**図9・8**）。サッカリンは砂糖の数百倍の甘さがあり、糖尿病患者などの料理に用いられる。アスパルテームは2個のアミノ酸が結合したジペプチドであり、砂糖の200倍の甘さである。アセスルファムカリウムも砂糖の200倍の甘さを持つが、アスパルテームと併用すると甘味が強調され、しかも砂糖のような風味の甘さになるので、両者一体で使われることが多い。

単体で市販されることは無いが、清涼飲料水によく入っているのがスクラロースであり、砂糖の600倍の甘さを持つ。

c 合成香料

合成香料といわれるものにも、天然品を化学的に合成したものと、天然には存在しない香料がある（**図9・9**）。前者には、薄荷の匂いのメントール、マツタケの香りのマツタケオール、ワサビの香りのワサビオー

サッカリンとチクロ

サッカリンは一時発がん性を疑われたことがあったが、現在ではその疑いは晴れている。チクロ（下図）は日本やアメリカでは使用が禁止されているが、EUなど多くの国では使用が認められている。

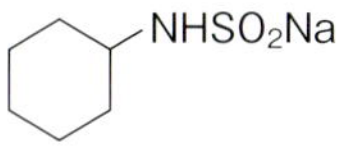

スクラロース

スクラロースは1976年に開発された合成物質であり、砂糖（ショ糖）のヒドロキシ基8個のうち3個を塩素 Cl に置きかえた有機塩素化合物である。

最も甘い分子

現在知られている最も甘い分子はラグドゥネーム（下図）で、砂糖の30万倍の甘さを持つ。しかし実用化はされていない。

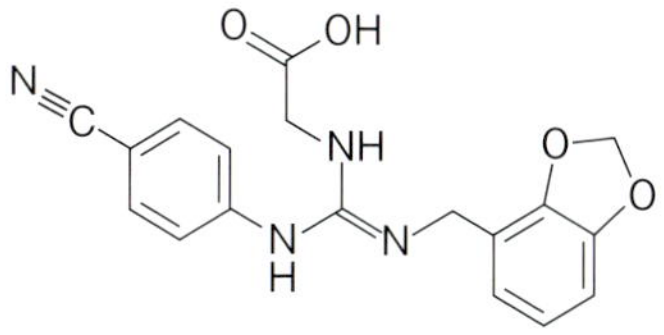

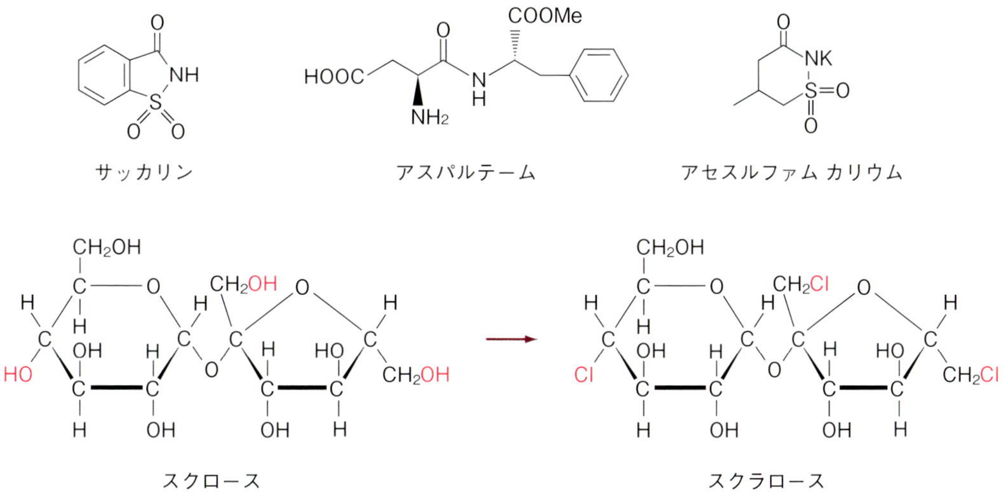

サッカリン　　アスパルテーム　　アセスルファム カリウム

スクロース → スクラロース

図9・8 さまざまな合成甘味料

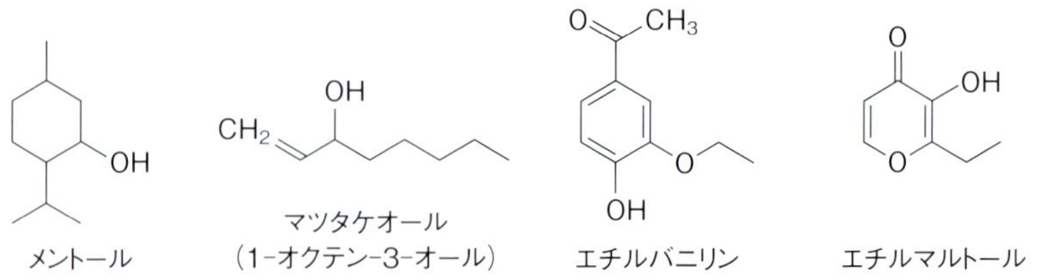

図9・9 さまざまな合成香料

ルなどがあり、後者にはバニラの香りのエチルバニリンや、砂糖の焦げたカラメルの香りのするエチルマルトールなどがある。

B その他の添加物
上記の他に以下のようなものがある。

a 色素関係
着色剤：食品に着色する色素。
発色剤：ハムなどに赤い色を発色させるものなど。
漂白剤：天然の色を消して白くするもの。

b 粘度調整
増粘剤：食品の粘り気を出し、滑らかにする。
乳化剤：マーガリンなどで、水と油を混ぜて乳化する。
膨張剤：パンやケーキを膨らます。

c 保存関係
防かび剤：かびが生えないように防止する。
殺菌剤：食品についた微生物を殺菌する。
酸化防止剤：油脂などの酸化を防止する。

9・6 栄養を補助するもの

普通に食事をしているだけでは、十分に摂取できない栄養分が出ることがある。そのようなときに、足りない栄養分を優先的に補う目的で用意されたものである。

サプリメントは、アメリカでの食品区分の一つであり、不足しがちなビタミンやミネラル、アミノ酸などの、栄養補給を補助するための食品である。他にも生薬、酵素、ダイエット食品など、さまざまな種類のサプリメントがある。しかし、研究者の中にはその効果は限定的と考える人もいる。

メントールの合成
メントールにはいくつもの鏡像異性体があり、天然品と同じ構造のものを優先的に作ることは大変に困難であった。この合成は、2001年にノーベル化学賞を受賞した野依良治博士の主要業績の一つである。

アゾ色素
着色剤にはアゾ色素が含まれる。アゾ色素は下記のような一般式であり、ベンゼン環とアゾ基を含む。

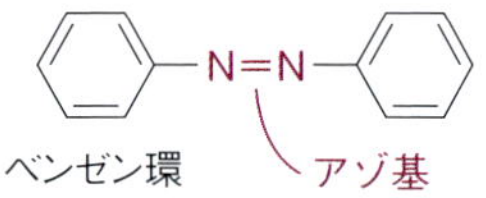

発がん性を疑われたものもあるが、現在、使用を許可されているものはそのような疑いが無いものである。

健康食品は、一般に健康の保持増進に役立つと思われる食品であり、科学的な根拠のあるものではない。健康食品のうち、行政によって機能の認定を受けたものは保健機能食品と呼ばれる。

コラム　発酵食品

日本人は発酵食品をよく使う民族といわれる。確かにそうであろう。酒、味噌、醤油は典型である。醤油にも麦や豆を使った穀醤の他に、魚を用いた魚醤がある。秋田のショッツルや能登のイシルである。もっとも、これは必ずしも日本独自のものというわけでもなく、類似したものにベトナムにはニョクマムがある。人類はどこにいても同じようなことをしているようである。

漬物も乳酸発酵による発酵食品であり、タクアンの香りは発酵食品の典型である。発酵は植物性食品だけでなく、動物性食品にも起こる。メザシやアジの干物がそうで、その究極が八丈島のクサヤであり、滋賀の鮒寿司（写真）である。しかし、これにも世界銘柄のチーズがあり、鮒寿司と通好みのチーズの香りは優劣つけ難い。さらにスウェーデンにはシュールストレミングというニシンの缶詰があり、この匂いは犯罪級ともいわれる。

発酵食品は匂いが強いと思われがちであるが、匂いの無い（弱い）ものもある。ヨーグルトの匂いが気になるという人は少ない。

発酵品は食品に限らない。藍染めの藍も発酵を利用した染料である。藍染めを着ると害虫が近寄らない？　という。開拓時代のアメリカでブルージーンズ（デニム生地を藍染めしたもの）が好まれたのは、ガラガラヘビを近寄らせない効果があったのも理由の一つ、という説もある。

発酵食品には多かれ少なかれ独特の匂いがあり、人間がそれを感じるかどうか？　というだけの話なのかもしれない。発酵の化学には奥深いものがある。

鮒寿司（© 琵琶近江どっとこむ）

演習問題

9.1　デンプンとセルロースの違いを述べよ。

9.2　アミロースとアミロペクチンの違いを述べよ。

9.3　アミノ酸、ジペプチド、ポリペプチド、タンパク質の関係を述べよ。

9.4　日本酒を作る場合の麹菌と酵母の働きについて述べよ。

9.5　転化糖とは何か？　また転化糖が砂糖より甘いのはなぜか？

9.6　果物は冷やすと美味しくなるのはなぜか？

9.7　ワサビ、トウガラシの辛味成分はそれぞれ何か？

9.8　旨味成分のうち、核酸であるものは何か？

9.9　アミノ酸からできた人工甘味料は何か？

9.10　氷砂糖、グラニュー糖、上白糖、ザラメ、黒糖の違いを述べよ。

第 10 章

毒と薬は同じもの？
― 医薬品と毒物の化学 ―

薬は病気や怪我を治し、命を助け、長らえさせるものである。それに対して毒は生体を傷つけ、病気にして命を縮める、あるいは命を奪うものである。ところが、薬を許容量以上に服用すると副作用で命を縮めることがある。一方、毒の中には猛毒といわれながらも、少量だけ用いると薬になるものもある。昔の人は「毒と薬は紙一重」といったが、まさしく毒と薬の区分けは難しい。

ヒポクラテス

Hippocrates（B.C.450 頃～ B.C.370 頃）
古代ギリシャの医者。「医学の父」と呼ばれる。

柳の薬効

柳の薬効は東洋でも知られ、薬師観音は手に柳の小枝を持った姿で描かれることが多い。日本でも江戸時代には、歯の痛みをやわらげるために柳の小枝を噛む風習があった。

配糖体

グルコースなどの糖が結合したものを配糖体という。

10・1 天然医薬品と合成医薬品

人類はその黎明期から病気や怪我に悩み、その痛み苦しみを癒してくれるものを探し求めた。それが薬であり、そのようなものが天然物であったことは当然である。**天然薬**は、植物や動物から採るものもあり、鉱石や温泉などの水という無機物もあったことだろう。これら天然薬の使用に長けていたのは中国人であり、それが体系化されたのが漢方薬である。

一方、ヨーロッパなどでは天然薬から効果のある成分だけを純粋な形で取り出そうとした。そして取り出した成分の分子構造を決定し、それを人工的に合成しようとした。

やがて、天然には存在しない分子の中にも薬効のあるものが存在することがわかり、合成化学物質の中から薬効のあるものを探し出すようになった。そして薬効のある分子が見つかると、その類似品を次々と合成し、少しでも薬効の高いものを作り出そうと研究した。これが**合成薬**の歴史である。

10・2 アスピリン

ギリシャの哲学者で、医薬品の研究をし、後に「医学の父」と呼ばれることになったヒポクラテスは、薬効のあるといわれる物質を研究し、薬効のある薬草として柳（楊柳）をあげている。

19 世紀初めごろ、柳の研究によって、柳から薬効成分としてサリシンが単離された。サリシンは配糖体であり、苦くて服用が困難なので分解して糖を外した結果得られたのが**サリチル酸**であった（図 10・1）。

ところが、サリチル酸には鎮痛作用が認められたものの、その酸性の

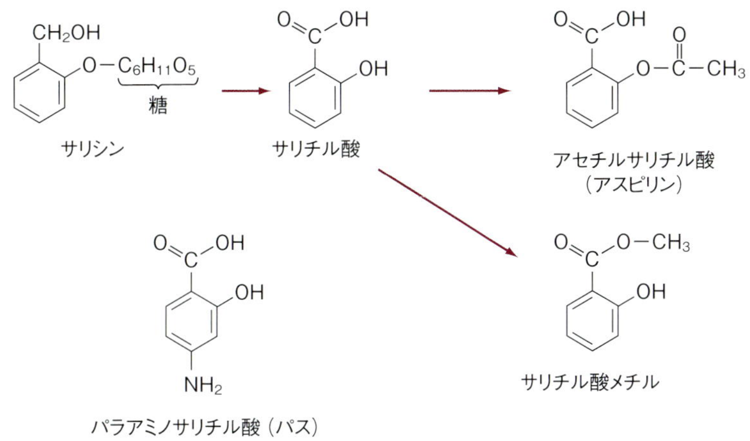

図10・1 サリチル酸とその誘導体

ために胃が傷つき、ひどいときには胃穿孔に至った。そこで、サリチル酸の薬効は残しながら、副作用の無い物質の合成が試みられた。その結果、1897年にヒドロキシ基をアセチル化したアセチルサリチル酸が開発された。これが、1899年にドイツのバイエル社から商品名**アスピリン**で発売され、現在に至るまで解熱鎮痛剤として用いられている医薬品である。

サリチル酸から誘導された医薬品はそれだけではなかった。カルボキシ基をメチル化したサリチル酸メチルは、筋肉消炎剤として多用されている。さらに、アミノ基を導入したパラアミノサリチル酸は、パス（PAS）の名前で結核の治療薬として用いられる。また、サリチル酸そのものも食品の保存剤として用いられるなど、サリチル酸とその誘導体は医薬品の名家とでもいうべき存在である。

サリチル酸を作れない植物
サリチル酸は植物が害虫などの外敵から身を護るために生産するもので、遺伝子操作によってサリチル酸合成をできなくした植物は生育しなくなるという。

アスピリン
アメリカ人はアスピリンに多大の信頼を置いており、今でも年間1万6千トンのアスピリンを服用する。ちなみに日本での年間服用量は300トンである。

10・3 抗生物質

微生物が生産し、他の微生物の増殖や生存を阻害する物質を**抗生物質**という（図10・2）。1928年にイギリスの細菌学者フレミングがアオカビから見つけた**ペニシリン**が最初の例であった。その後、世界中の微生物が調査の対象になり、ストレプトマイシン、カナマイシン、エリスロマイシンなど多くの抗生物質が発見された。

抗生物質の問題点は、抗生物質に耐性を持つ**耐性菌**が出現することである。耐性菌に打ち勝つためには、他の抗生物質を使わなければならない。しかし新しい抗生物質を探すのは大変な労力、時間、費用を要し、しかも必ず見つかるとの保証は無い。

フレミング
Fleming（1881～1955）
ペニシリン発見の功績でイギリスのナイト（爵位の一種）に叙せられ、1945年にはノーベル生理学医学賞を受賞した。

チャーチルの命を救ったペニシリン
ペニシリンは、第二次世界大戦末期に肺炎で倒れたイギリス首相チャーチルの命を救ったことで一躍有名になった。

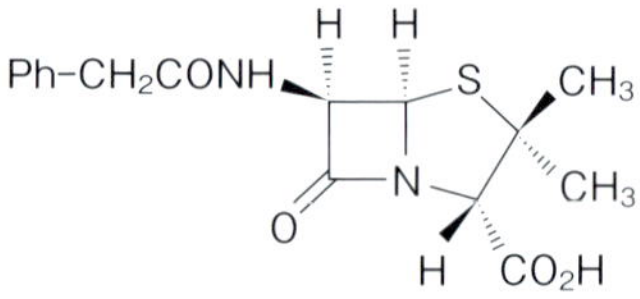

80　第10章　毒と薬は同じもの？

ペニシリン（Phはフェニル基）

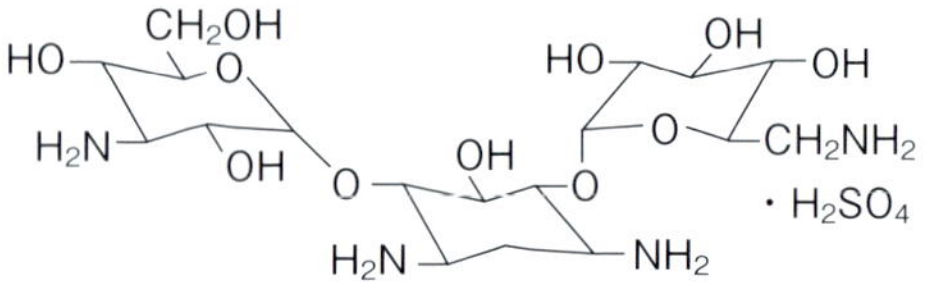

カナマイシン

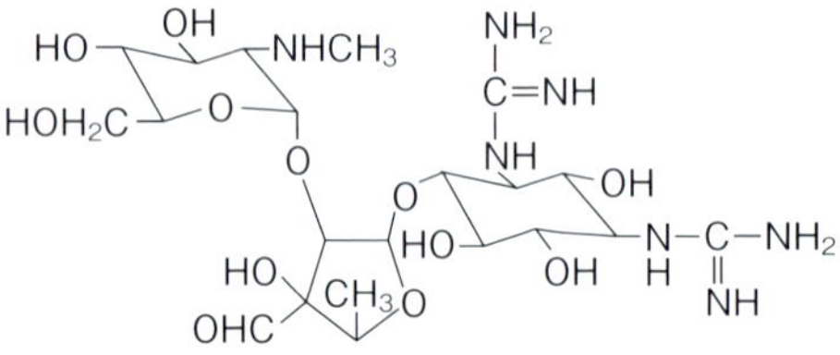

ストレプトマイシン

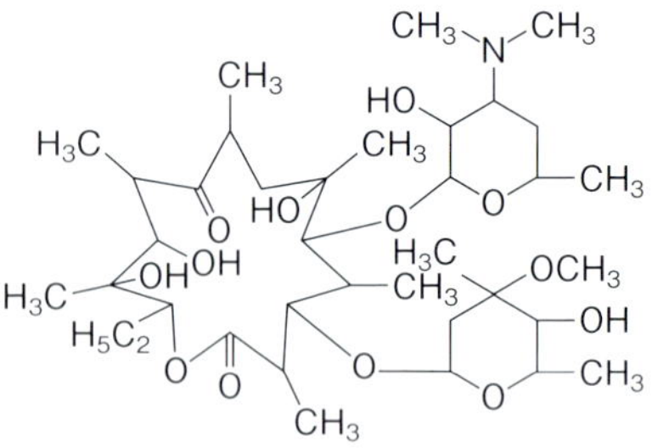

エリスロマイシン

図10・2　さまざまな抗生物質

表10・1　セファロスポリン系抗生物質の開発

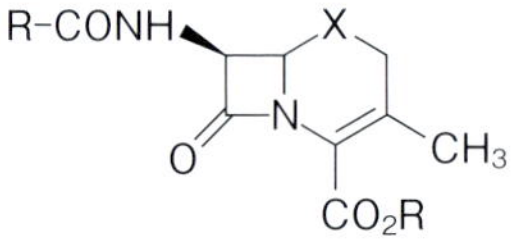

X = S　セファロスポリン系
X = O　オキサセファム系

R	X	MIC 平均値* (μg/mL) グラム陽性菌	グラム陰性菌
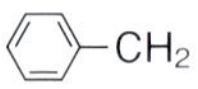 -CH₂- (Ph)	O	0.80	11.1
	S	2.4	67.6
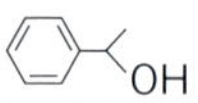 -CH(OH)(Ph)	O	1.4	4.9
	S	2.8	12.8
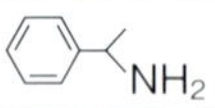 -CH(NH₂)(Ph)	O	>44.6	>100
	S	2.8	6.4
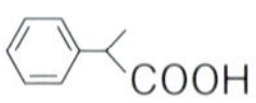 -CH(COOH)(Ph)	O	>38.8	9.7
	S	>100	>100

* MIC (minimum inhibition concentration)
細菌の発育を阻止する最小濃度

耐性菌を防ぐには
最もよいのは耐性菌を出現させないことである。そのためには抗生物質を使わないことであり、使うにしても最小量に留めることである。

そこで、既存の抗生物質の構造の一部を化学的に変化させる（修飾する）ことで耐性菌に対抗することになる。そのような試みをセファロスポリンの例で**表10・1**に示した。

10・4　抗がん剤

一時は不治の病といわれたがんも、全治の可能性が高い病気の一種に

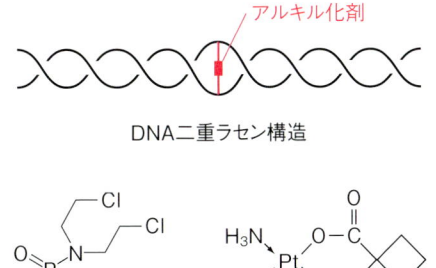

図 10・3 アルキル化剤の働きと構造

なった。これもがん治療法の進歩によるものである。がん治療には、がん腫瘍を切除する外科的手術、腫瘍に重粒子線（☞ 13・2 節参照）などを照射する放射線療法、薬剤による内科的療法があり、これらを併用することが多い。

抗がん剤には副作用の大きいものもあるが、その軽減のためには薬剤の改良の他に DDS（☞ 8・7 節参照）なども研究されている。

抗がん剤には多くの種類があるが、ここでは機構的に明快なアルキル化剤の例を示しておこう（**図 10・3**）。これは、1 個の薬剤分子が、二重ラセン構造をとる 2 本の DNA 分子鎖の両方に結合して架橋構造を作る。その結果、DNA は分裂複製をすることができなくなり、がん細胞の増殖が抑えられるというものである。

アルキル化剤にはシクロホスファミドなどいろいろの種類があるが、白金を用いた抗がん剤として知られるカルボプラチンも、その作用機序はアルキル化剤と同じである。

10・5 毒 物

毒物には効果の強いものも弱いものもある。毒物に限らず、多くの物質はたくさん摂取すれば健康を害するものであり、砂糖をたくさん摂れば糖尿病になる可能性があるし、水を飲み過ぎれば水中毒になる。どの程度の量を摂ると命を失うかによって毒の強弱が分類される。

毒の強弱を定量的に表す指標に **50 % 致死量** LD_{50} がある（**図 10・4**）。例えば、100 匹の検体動物に毒物を与える。量を徐々に増やしていけば、いつかは死ぬ検体が出、ある量に達すれば検体の半分が死ぬ。このときの量を LD_{50} とする。LD_{50} の値が小さいほど強毒である。ただし、検体

貴金属の生体への影響

かつて貴金属は、反応性が低いので生体に影響しないと考えられていた。しかし、カルボプラチンのような白金抗がん剤（作用機序はアルキル化剤と同じ；図 10・3 参照）や、金チオリンゴ酸ナトリウムのようなリウマチ用薬剤などが開発され、貴金属の生体への働きが見直されている。

銀の殺菌作用が大きいことは昔から知られている。銀を用いた薬剤も開発されることであろう。

アルキル化剤の開発

アルキル化剤は、毒ガス兵器として有名なマスタードガス（図）の研究中に発見された。

水 中 毒

アメリカで行われた水飲みコンクールで準優勝した女性が、家に帰った後、水中毒で亡くなった事件がある。

LD_{50} の信頼性

毒に対する感受性は、動物の種類、個体によって異なるので、LD_{50} はあくまでも目安に過ぎない。他に致死量という指標があり、これも重要な参考値ではあるが、LD_{50} に比べると信頼性は低い。

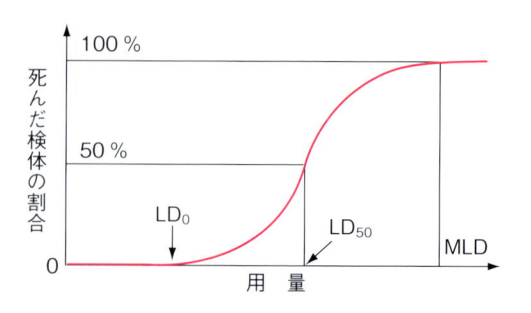

図 10・4　50 % 致死量 LD_{50}

タンパク毒

ボツリヌストキシン、テタヌストキシン、ウミヘビ毒、コブラ毒などはタンパク質（タンパク毒）なので、その構造はアミノ酸の結合順序で表される。タンパク毒を経口摂取した場合はほぼ消化されて無毒化される可能性が高いが、消化管に傷（胃潰瘍等）があった場合には致命的となる可能性もある。

表 10・2　さまざまな毒物とその強さ

順位	毒の名前	50 % 致死量 LD_{50} ($\mu g/kg$)	由来
1	ボツリヌストキシン	0.0003	微生物
2	破傷風トキシン（テタヌストキシン）	0.002	微生物
3	リシン	0.1	植物（トウゴマ）
4	パリトキシン	0.5	微生物
5	バトラコトキシン	2	動物（ヤドクガエル）
6	テトロドトキシン（TTX）	10	動物（フグ）/微生物
7	VX	15	化学合成
8	ダイオキシン	22	化学合成
9	d-ツボクラリン（d-Tc）	30	植物（クラーレ）
10	ウミヘビ毒	100	動物（ウミヘビ）
11	アコニチン	120	植物（トリカブト）
12	アマニチン	400	微生物（キノコ）
13	サリン	420	化学合成
14	コブラ毒	500	動物（コブラ）
15	フィゾスチグミン	640	植物（カラバル豆）
16	ストリキニーネ	960	植物（馬銭子）
17	ヒ素（As_2O_3）	1430	鉱物
18	ニコチン	7000	植物（タバコ）
19	青酸カリウム	10000	KCN
20	ショウコウ（昇汞）　経口致死量	0.2～0.4 g/人	鉱物 $HgCl_2$
21	酢酸タリウム　経口致死量	～1 g/人	鉱物 CH_3CO_2Tl

〈単位の換算〉　$1000\,\mu g = 1\,mg$　$1000\,mg = 1\,g$
船山信次『図解雑学 毒の科学』（ナツメ社，2003 年）を改変

の動物とヒトでは体重が異なるので、体重 1 kg 当たりの量で示される。主な毒物の LD_{50} を表 10・2 に示した。

A 生物毒

表10・2を見ると、最強の二つはともに細菌の毒である。3番目は植物、4番目は微生物でともに生物の毒である。ようやく7番目になって人間が作り出した合成毒が出てくる。

この表は全ての毒を網羅したものではないので、この途中に生物毒以外の猛毒がある可能性は否定できないが、LD_{50} を比較すると生物毒の強烈さがよくわかる。サスペンスで有名な青酸カリなど、ハダシで逃げ出さなければならない。いくつかの生物毒を見てみよう。

○ 細菌の毒：ボツリヌストキシンは、ボツリヌス中毒の原因になるボツリヌス菌の出す毒である。また、破傷風トキシンは破傷風菌という病原菌の出す毒素である。

○ リシンはトウゴマの種子から採れるタンパク質の毒である。猛毒で、リシン1分子が1個の細胞を殺すといわれる。この種子は機械油や下剤に用いられるヒマシ油の原料である。しかし、これらの油を採るときには種子を加熱し、タンパク質は加熱によって不可逆的に変性する。

○ パリトキシンはサンゴ礁の毒といわれる。すなわち、暖かいサンゴ礁に棲む魚介類が持つ毒であり、貝毒のように、一時的に現出することがある。

○ テトロドトキシン（図10・5）はフグの毒である。しかしフグはこの毒を自分で作るのではなく、餌から摂って体内にため込んでいる。

○ ニコチン（図10・6）の毒性が青酸カリより強いことは注目に値する。

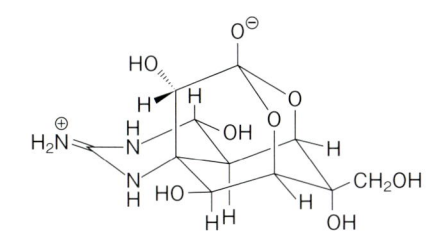

図10・5 テトロドトキシンの構造

図10・6 ニコチンの構造

B 鉱物毒

毒性を持つ鉱物は多く、中には暗殺に用いられたものもある。

○ ヒ素 As はそれ自身も猛毒であるが、毒物としてよく知られているのは亜ヒ酸（正式名 三酸化二ヒ素）As_2O_3 であり、白アリ駆除などに用いられる。

○ タリウム Tl の毒性はタリウム発見の当初から知られていた。酢酸タ

毒は英語でなんというか
英語で毒は poison ということが多いが、その中で生物由来など天然の毒を toxin と呼ぶことがある。

細菌の毒
ボツリヌス菌は嫌気性菌で酸素を嫌うため、漬物、ソーセージ、缶詰などで繁殖する。破傷風毒素は傷口から侵入すると、神経細胞を逆行して脊髄に達し、筋肉を緊張させる信号を出すため、患者は弓なりになって、場合によっては骨折に至る恐ろしい毒素である。

イシダイの毒？
最近、海水の温暖化に伴って日本近海の魚、イシダイなどもパリトキシンを持っていることがあるという。釣り人は釣果を食べるときに注意が必要である。

フグ毒の由来
フグ毒は、藻類などの微生物が合成したものが食物連鎖を経てフグに濃縮されたものという。しかし、フグはその微生物を体内に取り込んでいるとの説もあり、注意するに越したことはない。フグにはもともと無毒の種類もある。

タバコの毒性
昔は紙巻きタバコ1本で大人3人を殺せるといわれた。現在のタバコはニコチンを減らしているので毒性は弱いが、要注意である。

ナポレオン暗殺？
亜ヒ酸は昔から暗殺の薬として知られている。ナポレオンもこれで暗殺されたとの説もある。しかし、被害者の体にヒ素使用の痕跡が残るため、愚者の毒ともいわれる。

ショウコウ（昇汞）

ショウコウ $HgCl_2$ は二価であるが、似た化合物にカンコウ（甘汞）Hg_2Cl_2 がある。カンコウの毒性はショウコウより弱いとされるが、光によって分解されショウコウと水銀になるので注意しなければならない。

VX・サリン

VXやサリンはオウム真理教事件で使われたことで有名。

ニコチン

ニコチンの50％致死量 LD_{50} は 7 mg/kg であり、青酸カリ（LD_{50} = 10 mg/kg）より小さい。すなわち、LD_{50} で見る限り、ニコチンは青酸カリより強毒なのである。

リウム CH_3CO_2Tl は細菌培養培地の消毒に用いられたこともある。

○ 水銀の毒性は水俣病でも見た通りである（☞ 5・6 節および 15・1 節参照）。特にショウコウ $HgCl_2$ は、致死量を 0.2 〜 0.4 g/人とする説もあり、猛毒である。

C 合成毒

人間が作り出した毒である。化学兵器はもちろん、殺虫剤、殺菌剤、除草剤などにも毒性の強いものがある（図 10・7）。

○ 青酸カリ（正式名シアン化カリウム）KCN は工業的に作る毒であるが、サスペンスで有名である。酸に会うとシアン化水素 HCN を発生し、これが呼吸酵素中にある鉄と不可逆的に結合して呼吸作用を阻害し、細胞を死に至らしめる。

○ 化学兵器は人間の殺戮を目的とした狂気の化学物質である。第一次世界大戦では工業原料の塩素ガスが用いられて問題になった。その後は化学兵器専門の毒物が開発された。VX、サリンはともに殺虫剤の研究過程において、その毒性の強さから化学兵器として開発されたもので、リンを含み、動物の神経系に作用する。

○ 殺虫剤には多くの種類がある。以前は塩素化合物が主流であり、DDT、BHC などが多用されたが、その後リン系のパラチオンやマラチオンなどが主流となった。現在はニコチン酸誘導体のネオニコチノイドが開発された。しかし、ミツバチなどの生態系に害を及ぼす可能性が指摘されている。

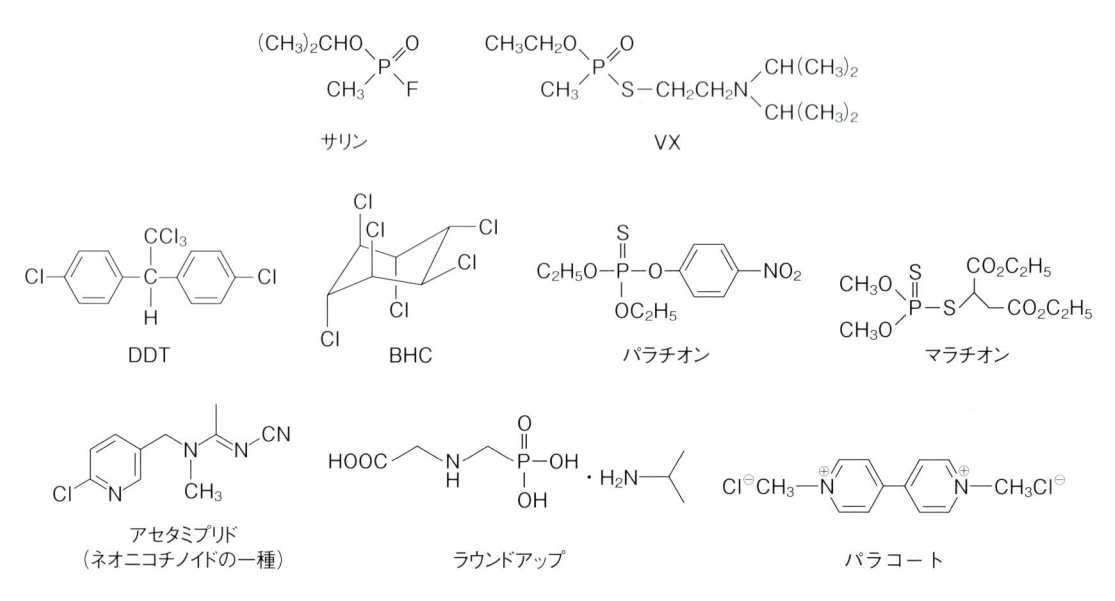

図 10・7　さまざまな合成毒

○ 殺菌剤には、医薬品、食品添加物と農薬があるが、農薬の殺菌剤には毒性の強いものがある。特に土壌殺菌剤であるクロルピクリン Cl_3CNO_2 は毒性が強いことで知られている。
○ 除草剤にも有毒なものがある。1965年に発売されたパラコートは多用された除草剤であるが、動物に対する毒性も非常に強く、多くの死亡事故が起きた。現在日本ではラウンドアップが多用されている。これは土に触れると分解して無毒化されるという。

10・6 麻薬・覚醒剤

麻薬と覚醒剤はともに人間の神経、精神系に作用し、倦怠感や緊張感を与える物質である。摂取すると習慣性ができ、やがて肉体、精神ともに被害をうけることになる。以前は植物から採取するものが多かったが、最近は化学的に合成されるものが多くなった。法律によって栽培、合成、使用が制限されている。

A 天然物

最も有名な麻薬は、アサ科のケシの未熟な果実から出る樹液を固めたアヘンをさす言葉であった。そこからモルヒネとコデインが純粋な形で取り出され、さらにモルヒネの置換基を変化させたヘロインが開発された（図10・8）。ヘロインは効果が強力なため、麻薬の女王と呼ばれる。

また、コカノキから得られるコカイン、大麻から採れるマリファナなどにも似たような働きがある。

	R	R′
モルヒネ	OH	OH
ヘロイン	OCOCH$_3$	OCOCH$_3$
コデイン	OCH$_3$	OH

図10・8 麻薬の構造

B 合成品

アンフェタミン、メタンフェタミンが特によく知られている。これらは1885年に麻黄という植物から抽出された気管拡張剤、エフェドリンをモデルにして合成されたものである。神経を緊張させ、疲れを感じさせなくなることから、かつては軍隊や受験生などに使用された歴史もある。しかし習慣性があり、有害なことは麻薬類と同様である。

パラコート
多いときには年間1000人以上の犠牲者が出たという。1985年にはパラコート連続殺人事件が起こり、関連事件34件で13人が犠牲になった。しかし事件は未解決のままある。

ラウンドアップ
ラウンドアップの除草力は強力なため、それに負けない栽培植物を遺伝子組換えで作り出し、その種子とラウンドアップをセットで販売することもある。

コカインとマリファナ
コカインは純粋な物質であり、分子構造も明らかになっている。それに対してマリファナにはいろいろの成分が含まれる。特に顕著な作用のあるのがテトラヒドロカンナビノールである。

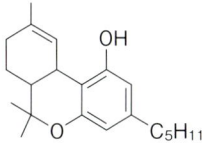

合成覚醒剤
合成覚醒剤は、法律で禁止されてもその類似品を合成することが可能であり、取り締まる側と作る側のイタチゴッコが続いている。このような類似品は人間に対する効果を十分に検証せずに販売するため、非常に有害なものが混じる可能性がある。

危険ドラッグ
最近は脱法ドラッグ、危険ドラッグが話題になっているが、これらは乾燥植物に種々の天然、合成の麻薬・覚醒剤を混入したもので、中にはごく最近、秘密裡に合成された、分子構造も効用もよくわからない物質が入っている可能性がある。根絶しなければならない。

1938年に開発されたLSDは、摂取者に幻覚を見せることで有名になった。これは麦に付く菌である麦角菌の分泌する成分から導かれた。

コラム　青酸カリ

テレビのサスペンスドラマで毒といえば、ほとんど全て青酸カリである。コーヒーを一口飲むと、血を吐いて即死状態である。

このように有毒な物質が、どうして世の中に存在するのであろうか？　サスペンスドラマを存続させるためであろうか？

じつは青酸カリは重要な工業原料なのである。メッキや冶金には欠かせない。金は溶けないことで有名であるが、青酸カリの水溶液には溶けるのである。金メッキをするには、金がメッキ液に溶けないことには話が始まらない。少量の金しか含まない金鉱石から金を取り出すためには、金だけを溶かし出せばよい。

このようなことで、青酸カリは大量に使われると同時に、大量に生産されているのである。日本だけで1年間に生産される青酸カリ（シアン化カリウムKCN）の量は、青酸ナトリウムNaCNに換算して3万トンというから驚く。地球上の全人類を何回殺せるか計算してみるとよかろう。

しかし、それでも地球上に存在する全核爆弾の殺傷力に比べたら微々たるものである。人類は際どい所で生きぬいているのである。したたかと言えば言えるのかもしれない。

演習問題

10.1　サリチル酸の構造式を書け。
10.2　サリチル酸誘導体で医薬品になっているものの名前をあげよ。
10.3　抗生物質とは何か？
10.4　耐性菌とは何か？　それに対抗するにはどのような手段があるか？
10.5　アルキル化剤の働きを説明せよ。
10.6　LD_{50}とは何か？　LD_{50}の数値と毒の強弱について説明せよ。
10.7　青酸カリは工業原料の一種である。どのように使われるのか？
10.8　次の毒物を毒性の強いものから順に不等号を付けて並べよ。
　　　A ボツリヌス毒、B フグ毒、C 青酸カリ、D ニコチン、E サリン
10.9　毒性を持つ金属の名前を三つあげよ。
10.10　覚醒剤の毒性とはどのようなものか？

第 11 章

プラスチックってなんだろう？
― 高分子の化学 ―

身の回りを眺めると、プラスチックの多さに驚く。電話、テレビ、ボールペン、消しゴム、コップ、みなプラスチックであり、高分子である。しかしそれどころではない。ご飯も肉も魚も野菜も、その主成分は高分子である。ということは、私たち自身も高分子製ということになる？ 現代は高分子時代ということができよう。かつて石器、土器、青銅器、鉄器で作られたものが、現代では全て高分子、プラスチックで置き換えられようとしている。高分子の主役は有機物である。

11・1 高分子ってなんだろう？

20世紀初頭に、化学界で語り継がれる大論争があった。題目は「高分子の構造について」である。論争の陣営は、「シュタウディンガーvsほとんど全ての化学者」であった。

無機物の高分子
無機物の高分子もある。骨の成分であるヒドロキシアパタイトや粘土はその例である。

A 高分子の父

当時、高分子が何からできているのかについてはおおよそ見当がついていた。それは"多数個の単位分子"であった。問題は、その多数個の単位分子がどのようにして高分子を作っているのか？ という、単位分子間の引力、結合の問題であった。

多くの化学者は、単位分子は"緩い（弱い）引力によって集合している"と考えた。それに対してシュタウディンガーは、単位分子は"強固な共有結合で結合している"と主張して譲らなかった。かくして論争は5年近くにわたって激しく行われたが、シュタウディンガーの精力的な実験研究が実を結び、彼の正しいことが誰の目にも明らかになった。

かくして彼は1953年ノーベル化学賞を受賞し、「高分子の父」と呼ばれている。

このように高分子とは、たくさんの単位分子と呼ばれる小さな分子（低分子）が、共有結合で結合してできた巨大分子のことである。

シュタウディンガー

Staudinger（1881～1965）
ドイツの有機化学者・高分子化学者。「高分子の父」と呼ばれる。

B 高分子の種類

高分子の種類は非常に多く、それらが性質や構造によって分類されるが、その分類法がまた何種類もある。したがって同一の高分子が複数の種類に顔を出すなど、煩雑である。ここで一般的な分類を見ておこう

88　第11章　プラスチックってなんだろう？

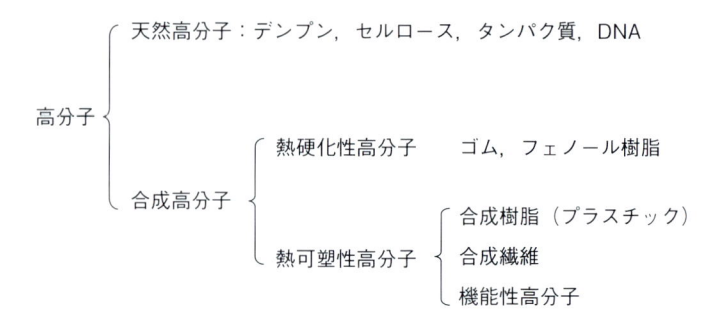

```
高分子 ┬ 天然高分子：デンプン，セルロース，タンパク質，DNA
       └ 合成高分子 ┬ 熱硬化性高分子　ゴム，フェノール樹脂
                    └ 熱可塑性高分子 ┬ 合成樹脂（プラスチック）
                                     ├ 合成繊維
                                     └ 機能性高分子
```

図 11・1　高分子の分類

👆 高分子・低分子
高分子とは、分子量の大きい分子という意味である。それに対して、分子量の小さい普通の分子は低分子といわれることがある。

👆 モノマー・ポリマー
1個の単位分子のことを**単量体（モノマー）**という。2個、3個の単位分子が結合したものをそれぞれ二量体（ダイマー）、三量体（トリマー）という。モノ、ダイ（ジ）、トリはそれぞれ1, 2, 3を表すギリシャ語の数詞である。単位分子が2〜20個ほど（あるいは有限個）集まったものをオリゴマーといい、それ以上（上限無し）のものを一般に**高分子（ポリマー）**という。しかし、明確な区分があるわけではない。

👆 超分子とは
多くの単位分子が"緩い（弱い）"引力によって集合している"物体は実際に存在しているのであり、現在ではこのような"分子が集合してできた構造体"は**超分子**と呼ばれ、活発に研究されている。2本のDNA分子鎖が水素結合で"緩く結合して"できた二重ラセン構造は超分子の典型である。氷も多くの水分子が水素結合で結合したものであり、超分子の一種といえる。

👂 エンプラ
エンプラは、ナイロン、ペット、ポリカーボネートなど、機械的強度が高く、耐熱性も高く、同時に価格も高いものである。汎用樹脂は、ポリエチレン、ポリプロピレン、ポリ塩化ビニルなど、性能は落ちるが大量生産され、価格の低いものである。

（図 11・1）。

　高分子はまず、多糖類やDNAなど天然に存在する**天然高分子**と、人工的に作り出した**合成高分子**に分けられる。合成高分子は、加熱すると軟らかくなる普通の高分子である**熱可塑性高分子**と、食器のように加熱しても軟らかくならない**熱硬化性高分子**に二分される。熱可塑性高分子は、塊である合成樹脂（**プラスチック**）と、繊維状の合成繊維、各種の機能を持った機能性高分子に分けられる。ゴムには天然ゴムもあるが、ここでは熱硬化性高分子に入れておこう。

　熱可塑性高分子はこのような分類の他に、用途から、工業用プラスチック（エンジニアリングプラスチック（エンプラ））と、一般用の汎用樹脂に分けることもある。

11・2　ポリエチレン

　高分子の典型は何といってもポリエチレンであろう。ポリエチレンの"ポリ"は"たくさん"という意味を表すギリシャ語の数詞である。エチレンは先に見た有機分子エチレンである（☞6・1節参照）。すなわち、ポリエチレンとは、たくさんのエチレン分子が共有結合で結合した高分子のことなのである。

A　ポリエチレンの構造

　先に、エチレンは2個の炭素が2本の握手で結合した二重結合でできていることを見た。エチレンがポリエチレンになるときには、この2本の握手の片方を解く。この結果、余った手によって他のエチレンと結合する。このようにして次々と結合していき、最終的には数万個のエチレンが結合したポリエチレンになるのである（図 11・2）。したがって、ポリエチレンは CH_2 単位が数万個もつながったものであり、アルカン

図 11・2 ポリエチレンの構造

の一種である。

B ポリエチレンの仲間

エチレンの水素の代わりに置換基が付いたものを一般にビニル誘導体といい、ビニル誘導体がポリエチレンと同じように高分子化したものを一般に**ポリビニル**という。

ポリビニルには、バケツやパイプになるポリ塩化ビニル、発泡させて緩衝材や断熱材にするポリスチレン、水槽やメガネなどに用いられるポリメチルメタクリレートなど各種のものが存在する（**表 11・1**）。

表 11・1 代表的なポリビニル

名称	単位分子	構造	用途
ポリ塩化ビニル	$CH_2=CHCl$	$-(CH_2-CH)_n-$ 　 　Cl	容器, シート, パイプ
ポリプロピレン	$CH_2=CH-CH_3$	$-(CH_2-CH)_n-$ 　 　CH_3	容器, シート, パイプ
ポリスチレン	$CH_2=CH-C_6H_5$	$-(CH_2-CH)_n-$ 　 　C_6H_5	緩衝材, 断熱材
ポリメチルメタクリレート	$CH_2=C(CH_3)C(=O)OCH_3$	$-(CH_2-CH)_n-$ 　 　$O=C-OCH_3$ 　 　CH_3	水槽, レンズ
テフロン	$F_2C=CF_2$	$-(CF_2-CF_2)_n-$	撥水剤, フライパン

11・3 ナイロンとペット

ポリビニルはただ1種類の単位分子がつながったものであるが、複数種類の単位分子からできたものもある。DNAの単位分子は、ATGCの4種の塩基であり、タンパク質は20種類のアミノ酸からできている。

このような構造を持った人造高分子としては、ナイロンとペットがよ

ギリシャ語の数詞

ギリシャ語の数詞は化学のあらゆるところで出て来るだけでなく、モノクロ（単色）、トリオ（三重奏）のように、一般生活でも使われる。
1（モノ）、2（ジorビ）、3（トリ）、4（テトラ）、5（ペンタ）、6（ヘキサ）、7（ヘプタ）、8（オクタ）、9（ノナ）、10（デカ）、20（イコサ）、たくさん（ポリ）。

ナイロンのキャッチフレーズ

ナイロンは繊維に加工されて発売されたが、そのときのキャッチフレーズ「クモの糸より細く、鋼鉄より強い」は有名である。

第 11 章 プラスチックってなんだろう？

$$HO-\overset{O}{\underset{\|}{C}}-(CH_2)_4-\overset{O}{\underset{\|}{C}}-OH + H-\overset{H}{\underset{|}{N}}-(CH_2)_6-\overset{H}{\underset{|}{N}}-H$$

アジピン酸　　　　　ヘキサメチレンジアミン

$$\xrightarrow{-H_2O} H{\Large(}O-\overset{O}{\underset{\|}{C}}-(CH_2)_4-\overset{O}{\underset{\|}{C}}-\overset{H}{\underset{|}{N}}-(CH_2)_6-\overset{H}{\underset{|}{N}}{\Large)}_n H$$

ナイロン 6,6

$$HO-\overset{O}{\underset{\|}{C}}-(CH_2)_5-\overset{H}{\underset{|}{N}}-H + HO-\overset{O}{\underset{\|}{C}}-(CH_2)_5-\overset{H}{\underset{|}{N}}-H$$

$$\xrightarrow{-H_2O} H{\Large(}O-\overset{O}{\underset{\|}{C}}-(CH_2)_5-\overset{H}{\underset{|}{N}}-\overset{O}{\underset{\|}{C}}-(CH_2)_5-\overset{H}{\underset{|}{N}}{\Large)}_n H$$

ナイロン 6

図 11・3　ナイロン 6,6（上）とナイロン 6（下）の構造

カロザース

Carothers（1896〜1937）
アメリカの有機化学者・高分子化学者。ナイロンを開発した。

日本で開発されたナイロン

後に日本で、炭素 6 個からなる単一分子を原料とするナイロンが開発された。これはナイロン 6 と呼ばれる（図 11・3 下）。

く知られている。

○ **ナイロン**：分子構造を考慮して合成された高分子の最初の例であり、1935 年、アメリカ、デュポン社のカロザースが開発した。ヘキサメチレンジアミンとアジピン酸を単位分子とするが、どちらも 6 個の炭素を含む化合物であることから、このナイロンは特にナイロン 6,6 と呼ばれる（図 11・3 上）。

　ナイロンでは単位分子は、アミノ基とカルボキシ基の間の脱水縮合反応、アミド結合で結合されている。このような高分子を一般に**ポリアミド**と呼ぶ。

○ **ペット**：英語名の polyethylene terephthalate の頭文字をとって PET と呼ばれる。エチレングリコールとテレフタル酸の間のエステル化反応によって結合されている（図 11・4）。このようにエステル結合でできた高分子は一般に**ポリエステル**と呼ばれる。

$$HO-\overset{O}{\underset{\|}{C}}-\underset{}{\text{〔ベンゼン環〕}}-\overset{O}{\underset{\|}{C}}-OH + H-O-CH_2CH_2-O-H$$

テレフタル酸　　　　　　　エチレングリコール

$$\xrightarrow{-H_2O} H{\Large(}O-\overset{O}{\underset{\|}{C}}-\underset{}{\text{〔ベンゼン環〕}}-\overset{O}{\underset{\|}{C}}-O-CH_2CH_2-O{\Large)}_n H$$

ペット

図 11・4　ペット（PET）の構造

11・4 プラスチックと合成繊維

　プラスチック（合成樹脂）は、図11・5のように多くの高分子鎖が集まったもので、規則性の無い集合体であり、一種のアモルファスである。しかし、部分的に高分子鎖が同一方向を向いて束ねられている。このような部分を**結晶性部分**といい、それ以外の部分を**非晶性部分**という。

　結晶性部分では分子間距離が小さいので分子間力が大きく働き、機械的強度が強くなる。また、酸素や水のような小さい分子ももぐりこみに

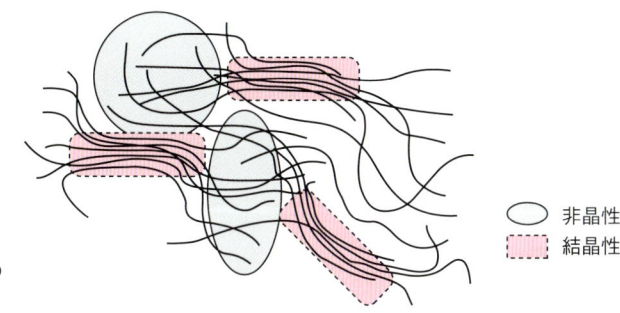

　　図11・5　プラスチックの分子の集合体

　　○ 非晶性
　　▭ 結晶性

くくなるので、耐酸化性、耐薬品性も大きくなる。

　全ての高分子鎖をこのように一定方向を向かせ、結晶性にして機械的強度を上げたものが合成繊維である。したがってプラスチックも合成繊

コラム　透明プラスチック

　組成の均一な物質は、分子が光を吸収しない限りは透明なものが多い。多くの液体は透明であり、液体が固体化したアモルファスであるガラスも透明である。結晶も氷や食塩は透明である。

　しかし、結晶の表面では反射が起こり、光が透過できない。氷を砕いて細かい結晶の集合体にすると不透明になるのはこの原理である。ガラスの粉が不透明なのも同様である。

　プラスチックは長い高分子鎖がランダムに集合したものでアモルファスであり、本来は透明である。ところが、結晶性のよいプラスチックは内部に細かい結晶性の部分を生じる。すると、砕いた氷と同様の微結晶の集まりとなり、その結晶性部分の境界面で光の反射が起こる。これが、プラスチックが不透明になる原因である。

　現在主流の巨大水族館の透明壁面は、全て透明プラスチックである。工場では数メートル角の運搬しやすいブロックとして作り、現場でそれらを溶接して巨大壁面とするのである。

沖縄県美ら海水族館の巨大水槽（© 海洋博公園沖縄美ら海水族館）

維も、化学的な構造（分子構造）は全く同じである。配列が違うだけである。

合成繊維を作るには、溶融高分子を細いノズルから押し出し、それを高速ローラーで延伸しながら巻き取る（図11・6）。

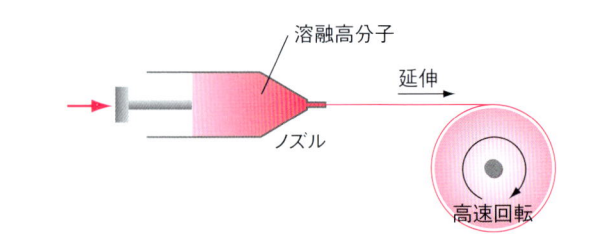

図11・6　合成繊維の作り方

極細繊維を作るには

超極細繊維を作るには、互いに混じり合わない二種類の高分子（ただし片方は有機溶媒に溶ける）を混合して溶融し、それを延伸して普通の細さの繊維を作る（図11・7）。その後に溶媒で処理すると、片方の高分子部分は溶けて除かれて、溶けない部分だけが極細繊維となって残る。

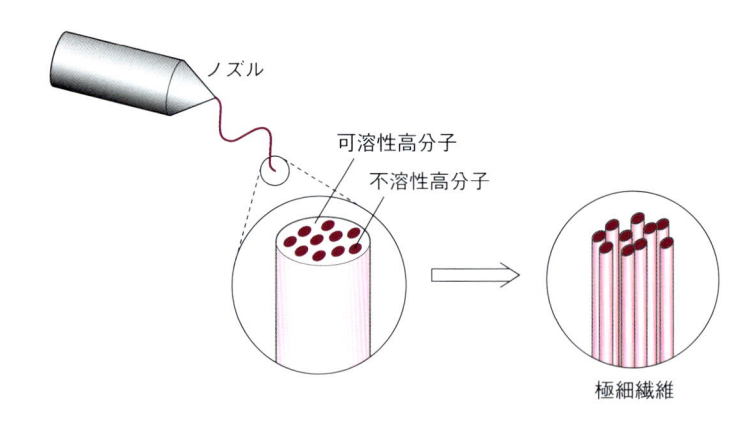

図11・7　超極細繊維の作り方

11・5　熱硬化性高分子

ポリエチレンのカップに熱いお茶を入れると、グンニャリとなって危険である。しかし、プラスチックのお椀に熱い味噌汁を入れてもグンニャリはしない。加熱すると軟らかくなり、形に入れて成形できるものを**熱可塑性高分子**という。それに対して、加熱しても軟らかくならない高分子を**熱硬化性高分子**という。熱硬化性高分子は、食器、調理器具の柄、コンセントなどに用いられる。

熱可塑性高分子と熱硬化性高分子の違いは分子構造にある。熱可塑性高分子は先に見たように分子が長鎖状になっており、それが絡まるようにして固体を作る。そのため、高温になると分子鎖の熱運動が激しくなり、ついには流動性が出て形を失う。

シックハウス症候群

熱硬化性高分子の原料には、毒性の強いホルムアルデヒド HCHO が用いられている。高分子化反応が進めば、ホルムアルデヒドは姿を消し、CH_2 原子団（メチレン基）に変化する。しかし、化学反応が 100％ 進行するのは難しい。何 ppm かの濃度でホルムアルデヒドが残る。これが空気中に沁み出したのがシックハウス症候群の原因となる。したがって、時間が経てば沁み出し終わってしまい、害は無くなる。

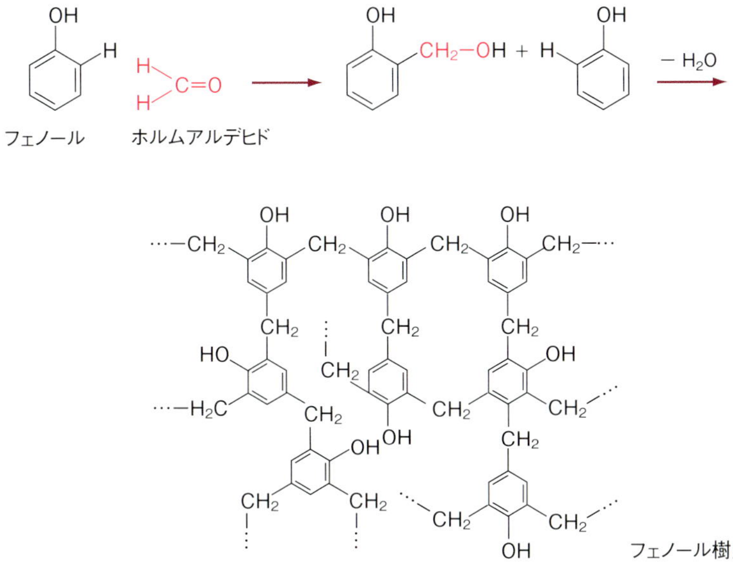

図11・8　フェノール樹脂の生成

それに対して熱硬化性高分子では、全ての単位分子が三次元網目構造を作って複雑に結合する。そのため、高温になっても分子は運動する自由度を持っていないのである。

熱硬化性高分子には、フェノール樹脂、メラミン樹脂、ウレア（尿素）樹脂などがある。フェノール樹脂の反応経路を示しておく（**図11・8**）。

11・6　機能性高分子

高分子は、容器になるとか、電気器具の外装になるとかの機能を持っている。しかし、もっと高度で有用な機能を持ったものを特に**機能性高分子**と呼ぶ。そのようなものの例を見てみよう。

A　高吸水性高分子

紙オムツなどに用いられている高分子で、自重の1000倍もの重量の水を吸収保持することができる。この高分子の基本構造は三次元網目構造である（**図11・9**）。ただ、熱硬化性高分子ほど網目構造が密ではないので柔軟性がある。

重要なのは、ところどころに置換基として COONa が結合していることである。高分子に吸収された水は網目構造で保持され、逃げにくい。さらに、この水で置換基が電離して陰イオン COO⁻ になる。この結果、多数の陰イオン静電反発が起こり、網目構造が広がり、さらに多くの水を吸収できることになる。このような繰り返しで大量の水を吸収するの

メラミン樹脂

熱硬化性高分子の一種にメラミン樹脂がある。これはフェノール樹脂のフェノールの代わりにメラミン（下図）を用いるものである。

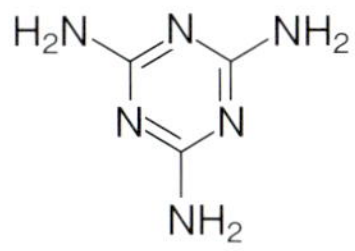

2008年、中国で粉ミルクにメラミンが混入する事件が起こった。これは、牛乳の水増しを予防するために牛乳中の窒素含有量を検査することになったため、窒素量を多くするためにメラミンを混ぜたものであった。メラミンは1分子中に6個もの窒素原子を持つ。

熱硬化性高分子の成形

熱硬化性高分子の成形は次のようにする。すなわち、高分子化が十分に進行していない、いわば赤ちゃん状態の軟らかい状態のものを型に入れ、加熱する。すると型の中で高分子化が進行して熱硬化性高分子の製品が完成する。小麦粉溶液を型に入れて焼いて作る人形焼の要領である。

高吸水性高分子で砂漠を緑化

高吸水性高分子を砂漠の地中に埋め、その上に植樹すると給水間隔を延ばすことができ、さらにたまに降る雨を保持することができる。砂漠の緑化に役立っている。

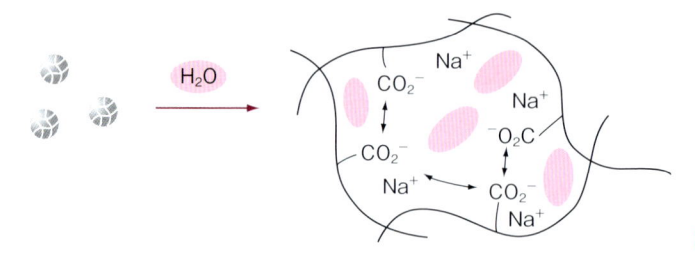

94　第11章　プラスチックってなんだろう？

図11・9　高吸水性高分子

である。

B　イオン交換樹脂

イオンを他のイオンに変えることのできる高分子であり、陽イオンを他の陽イオンに変える陽イオン交換樹脂と、陰イオンを交換する陰イオン交換樹脂がある（図11・10）。

この両樹脂を詰めた容器に海水を通過させると、海水中のNa^+はH^+に、Cl^-はOH^-に交換される。すなわち海水が淡水に変化する。救命ボートや災害の水不足に便利である。

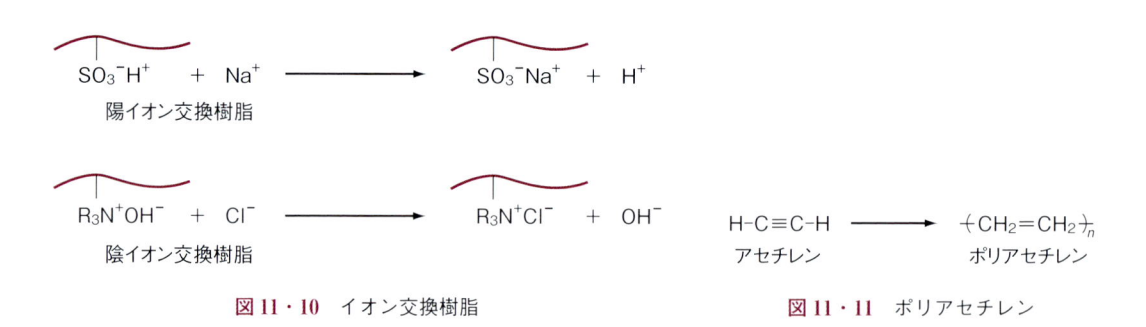

図11・10　イオン交換樹脂

図11・11　ポリアセチレン

C　導電性高分子

電流は電子の移動である（☞12・1節参照）。アセチレンを高分子化したポリアセチレン（図11・11）はたくさんの移動可能な電子を持っており、電気伝導性を持ちそうであるが実は絶縁体である。

これは、ポリアセチレンの電子が多すぎて、静電反発などによって移動が困難なためである。渋滞道路の原理である。渋滞を緩和するには自動車を間引いてやればよい。この役目をするのが少量の添加物（ドーパント）である。ドーパントとして電気陰性度の高いヨウ素I_2を加える（ドーピングする）と、ヨウ素が電子を吸着し、高分子中の電子数が少なくなる。この結果、ポリアセチレンは金属並みの高伝導度を獲得するのである。

導電性ポリアセチレン
ポリアセチレンにヨウ素をドーピングすると導電性となることを最初に発見したのは白川英樹博士であり、彼はその物質の研究によって2000年にノーベル化学賞を授与された。

表 11・2 生分解性高分子

	生理食塩水中半減期	用途
$-(CH_2CO-O)_n-$ ポリグリコール酸 (PGA)	2～3（週）	縫合糸（手術用）
$\begin{array}{c}CH_3\\|\\-(CH-C)_n-\\||\\O\end{array}$ ポリ乳酸	4～6（週）	容器，衣類

D 生分解性高分子

　プラスチックの長所は丈夫で長持ちすることである。しかし環境浄化の目で見るとこの長所は短所に映る。すなわち、放棄したプラスチックがいつまでも環境中に留まるのである。その結果、海亀がビニールを食べたりすることになる。これを解消するために開発されたのが、微生物によって容易に分解される**生分解性高分子**である（**表 11・2**）。

　これは、単位分子に乳酸など微生物の分泌するものを用いている。この結果、分解しやすいものは生理食塩水中、2〜3週間で分解する。これは手術用の縫合糸としても用いられる。生体内で分解吸収されるので、抜糸のための再手術が不要なためである。

☞ **生分解性高分子**
生分解性高分子は耐久性が低いのが難点であるが、これはその成り立ちからいって仕方のないことであろう。

演習問題

11.1　プラスチックと高分子の違いは何か？
11.2　ポリエチレンの構造式を示せ。
11.3　ペット（PET）の語源を示せ。
11.4　合成樹脂と合成繊維の違いは何か？
11.5　熱硬化性高分子とは何か？　例をあげて説明せよ。
11.6　エンプラとは何か？　例をあげて説明せよ。
11.7　高吸水性高分子が水を吸う原理を説明せよ。
11.8　イオン交換樹脂とは何か？
11.9　導電性高分子が電流を流すのはなぜか？
11.10　生分解性高分子とは何か？

第 12 章

電気ってなんだろう？
― 発光と化学エネルギー ―

　電力はエネルギーの一種であり、現代社会では最も良質のエネルギーでもある。そのため、熱、光、風力、水力等多くのエネルギーが電気エネルギーに変換させられる。電流は電子の流れである。原子は電子の塊であり、その意味で電流の発生源になる資格がある。電池はまさしくその資格を利用したものである。電気のもたらす直接的な恩恵に光がある。水銀灯は水銀原子が電気エネルギーによって発光するものである。一方、分子が化学エネルギーによって発光するのが生物発光である。

12・1　化 学 電 池

　化学電池とは、化学反応の反応エネルギーを直接**電気エネルギー**に変える装置である。化学電池で起こる反応は酸化・還元反応（☞ 4・1節参照）そのものである。

A　イオン化傾向

　硫酸 H_2SO_4 の水溶液である希硫酸中には水素イオン H^+ が存在する。ここに亜鉛 Zn の板を入れると、Zn は泡と熱を出して溶ける。泡の成分は水素 H_2 である。

　この反応は、Zn が電子を放出して亜鉛イオン Zn^{2+} として溶け出し、代わりに H^+ がその電子を受け取って原子となり、2個の原子が結合して水素分子となったことを意味する。すなわち、Zn は酸化され、H^+ は還元されたのである（☞ 4・1節参照）。このことは、Zn と H を比べると Zn の方が陽イオンになりやすいことを示すものである。これを、「Zn は H より**イオン化傾向**が大きい」という。

　同様に、希硫酸中に銅板 Cu を入れても何の変化も起きない。これは、Cu のイオン化傾向が H と同じか、小さいことを意味する。このような実験を多くの金属元素に行うと、イオン化しやすさの順序を求めることができる。元素を陽イオンになるなりやすさの順で並べたものを**イオン化列**という（図 12・1）。

B　ボルタ電池

　化学反応を利用した電池を一般に化学電池という。化学電池の基本は1800年にイタリアの化学者ボルタが発明した**ボルタ電池**である（図

☝ 化学電池は酸化・還元反応
化学電池では、電子を放出した Zn を負極、電子を受け取った Cu を正極という。しかし、実際に電子を受け取ったのは Cu ではなく H^+ である。このように、化学電池の本質は酸化・還元反応である。

✦ ボルタ

Volta（1745～1827）
イタリアの化学者・物理学者。ボルタ電池を発明した。電圧の単位であるボルトはボルタの功績を称えたものである。

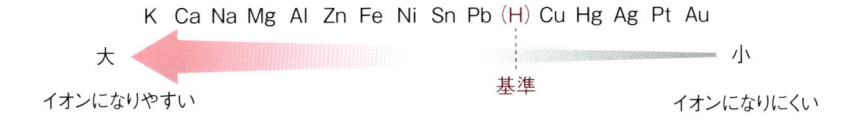

図 12・1　イオン化列

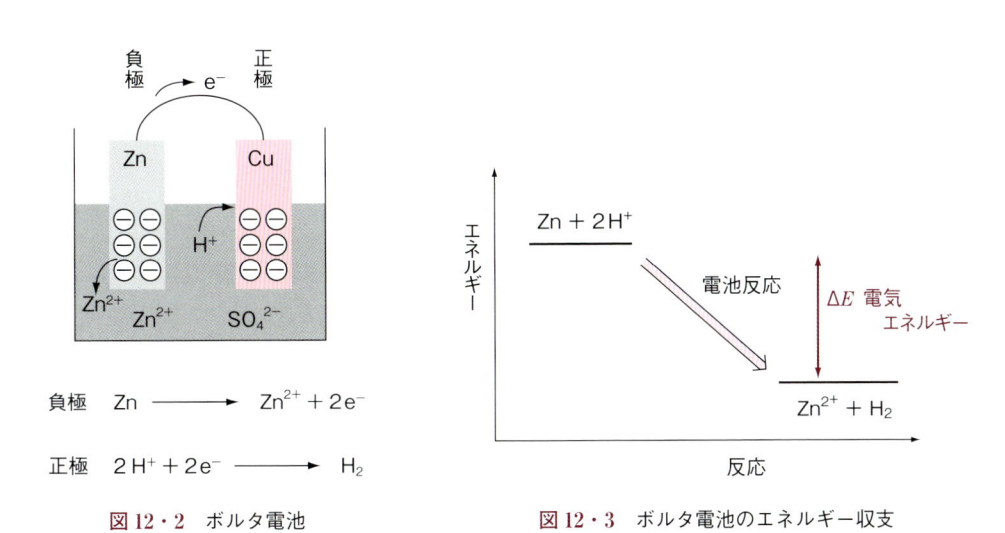

負極　Zn ⟶ Zn²⁺ + 2e⁻

正極　2H⁺ + 2e⁻ ⟶ H₂

図 12・2　ボルタ電池

図 12・3　ボルタ電池のエネルギー収支

12・2)。それは次のようなものである。

　希硫酸中に Zn と Cu の板を入れ、両者を導線で結ぶ。すると Zn は Zn²⁺ として溶け出し、Zn 板上に電子 e⁻ が溜まる。この電子が導線を通って Cu 板上に移動する。これは導線内を電流が流れたことを意味する。そして Cu 板に達した e⁻ は溶液中の H⁺ と結びついて H⁺ を H₂ とし、気泡として発生させる。

　これが最も原初的な電池であるボルタ電池の構造と原理である。ボルタ電池のエネルギー収支は図 12・3 のように考えられる。すなわち、出発系は Zn と H⁺ であり、それが変化してできた生成系は Zn²⁺ と H₂ である。この両系のエネルギー差 ΔE が電力と考えられる。

12・2　燃料電池

　燃料が燃焼するときの燃焼エネルギーを電気エネルギーに変える装置を、一般に**燃料電池**という。よく知られているのは、燃料に水素 H₂ を用いる水素燃料電池である (図 12・4)。その模式的な構造と原理は次のようなものである。

　負極である白金電極近傍に水素ガス H₂ を流入する。すると H₂ は白金の触媒作用によって H⁺ と e⁻ に電離する。e⁻ は導線を伝って電流と

ボルタ電池とダニエル電池
ボルタ電池の発電能力はすぐに消失するので、ボルタ電池は実用的な電池ではない。これをイギリスの化学者ダニエルが 1836 年に改良したのが**ダニエル電池**であり、最初の実用電池である。

エネルギー収支の実際
実際のエネルギー収支には、各イオンと溶媒である水の結合（水和）エネルギーなど、複雑な要素が加わる。

日本人が開発した乾電池
1867 年にフランス人のルクランシェは、亜鉛、二酸化マンガン（酸化マンガン(IV)）MnO₂、塩化アンモニウム NH₄Cl を用いたルクランシェ電池を発明した。これは溶液を用いる電池であったが、日本人の屋井先蔵はこれを改良して乾電池を開発した。屋井の数年後にはドイツ人のガスナーも乾電池を開発した。

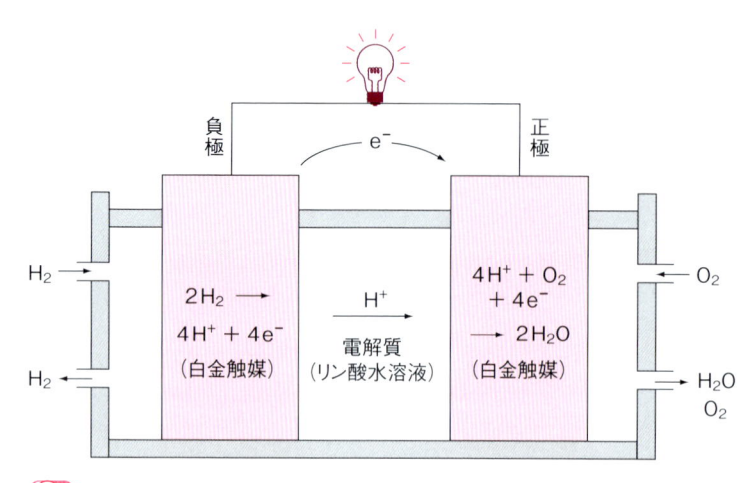

98　第12章　電気ってなんだろう？

図12・4　水素燃料電池

水素燃料電池
水素燃料電池の特色は、反応生成物（反応廃棄物）が水だけであり、環境に優しいということである。電極と触媒に用いる白金は貴金属であり、高価なので、他の金属を探す研究が積極的に行われている。

水素ガス
水素ガスは天然にはほとんど存在しないので、水の電気分解などによってエネルギーを使って人為的に発生させる必要がある。また、水素は爆発性の気体なので、貯蔵、運搬には万全の注意が必要である。

なって正極の白金電極に移動する。一方、H^+ は電解質溶液中を移動して、やはり正極に達する。ここで落ち合った e^- と H^+ は一緒になって、正極近傍に吹き込まれた酸素 O_2 と反応して水 H_2O となる。

電力の元となる反応エネルギーは水素と酸素の反応熱である。

12・3　太 陽 電 池

太陽電池は太陽光のエネルギーを電気エネルギーに換える装置である。

A　光エネルギー

光は電波と同じ**電磁波**の一種であり、振動数 ν と波長 λ を持っており、そのエネルギー E はプランクの定数 h を使って式1で与えられる（c は光の速さ）。つまり、波長 λ に反比例するのである。**図12・5**は電磁波の波長とその名前、エネルギーを表したものである。

波長 800〜400 nm が可視光線であり、この領域に赤橙黄緑青藍紫の虹の七色があり、赤は長波長側、紫は短波長側になる。それより波長が

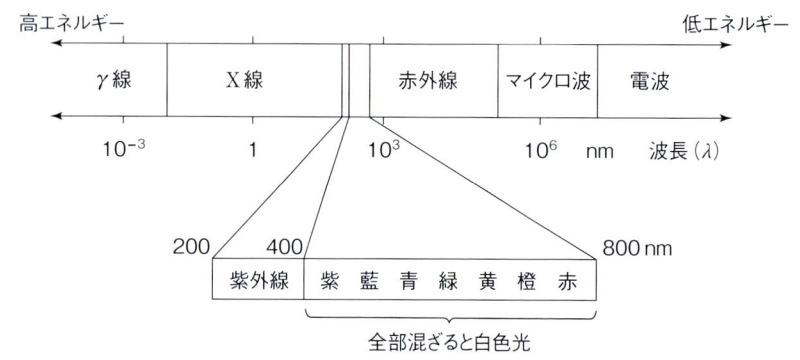

$$E = h\nu = h\frac{c}{\lambda} \quad （式1）$$

図12・5　電磁波の波長と名称

長いと低エネルギーの赤外線、マイクロ波、電波と変化する。反対に波長が短いと高エネルギーになり、紫外線、X 線と変化する。太陽電池はこの可視光線領域の光が持つエネルギーを利用するものである。

B 構造

太陽電池には多くの種類があるが、基本的で一般的なものはケイ素（シリコン）Si を用いるシリコン太陽電池である。シリコンは**半導体**（☞ 5・4 節参照）であるが、太陽電池には、シリコンに少量の他の元素を加えた不純物半導体を用いる。14 族元素に 13 族のホウ素を混ぜたものを p 型半導体、15 族のリン P を混ぜたものを n 型半導体という。

シリコン太陽電池の構造は**図 12・6** のようなものである。両方の半導体を原子スケールで隙間の無いように接合し、その接合面を pn 接合面という。この半導体セットに透明電極と金属電極をセットすれば完成である。

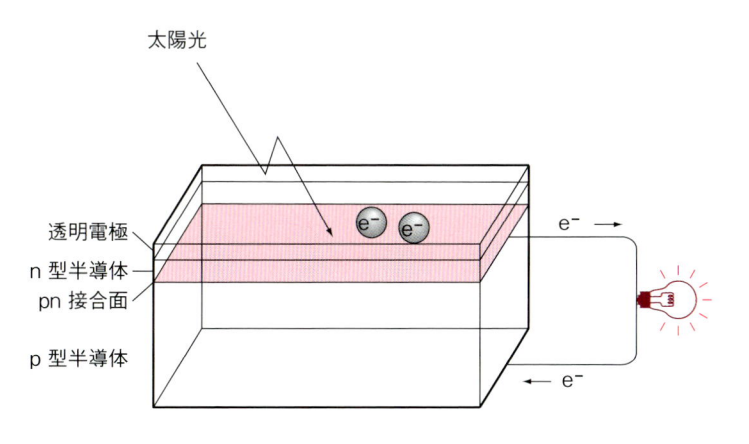

図 12・6 シリコン太陽電池

C 発電原理

太陽電池の透明電極と n 型半導体を通して光が pn 接合面に達すると、光エネルギーによって pn 接合面の電子がエネルギーを持って飛び出し、n 型半導体を通過して負極の透明電極に達する。電子はその後導線を経由し、電球（電気器具）にエネルギーを渡した後、正極の金属電極、p 型半導体を通過して pn 接合面に戻る。

太陽光エネルギーの何 % を電気エネルギーに変換できたかを変換効率という。シリコン太陽電池では、高いものは変換効率 25 % に達するが、一般品は 17 % 程度である。

太陽電池の長所・短所
太陽電池の長所は、可動部分が無いので原理的に故障が無く、光が当たる所であれば屋根や壁にも設置でき、それだけに、電力を使用する場所の近傍にも設置でき、地産地消型であるなど、たくさんある。一方短所としては、発電量が天気に左右される、単位面積当たりの発電量が少ない、高価である、などがあげられる。

p 型半導体・n 型半導体
14 族元素の価電子は 4 個、それに対して 13 族は 3 個、15 族は 5 個である。そのため、14 族のシリコンに 13 族元素を混ぜたものは電子が少なくなる（つまり正電荷が勝る）ので positive という意味で p 型半導体、反対に 15 族元素を混ぜたものは電子が多くなるので negative という意味で n 型半導体という。

シリコンの純度
資源としてのシリコンの量は無尽蔵である。しかし、太陽電池に使うシリコンの純度はセブンナイン、すなわち 99.99999 % 以上の純度が要求されるためシリコンが高価になる。さらに、電子デバイス用のシリコンはイレブンナイン、99.999999999 % を要求される。

ITO 電極
透明電極は一般に、ガラスに酸化インジウム In_2O_3 と酸化スズ（スズは英語で tin）SnO_2 とを真空蒸着した ITO 電極を用いる。金属も薄くすれば透明になる。液晶モニターやプラズマテレビの前面にも ITO 電極が全面に張られている。

シリコン太陽電池の作製
作製するときは、n 型半導体板の片方の表面にリンの蒸気（気体）を吸収させて、部分的に p 型半導体にする。両半導体を別に作って接着したものではない。したがって、p 型半導体の部分は非常に薄いので光が透過する。

D　いろいろの太陽電池

現在注目されているのは、シリコンでなく有機物を用いた有機太陽電池である。これは薄くて軽く、柔軟性があり、カラフルである。作製が容易であり、大量生産されれば安価になるという長所があるが、反面、耐久性が低い、変換効率が低い等の短所もある。

主に高分子を用いた有機薄膜太陽電池と、有機色素を用いた有機色素増感太陽電池 (発明者の名前をとってグレッツェルセルとも呼ばれる) の二通りがある。

また、シリコン半導体ではなく、金属間化合物の半導体を用いた化合物半導体もある。これは変換効率が高いが、高価なので一般には用いられない。将来的には量子ドットを用いた量子ドット太陽電池も期待され、実現すれば変換効率 60 % に達するといわれるが、まだ研究中である。

12・4　電気分解・電気メッキ

電気を用いた工業技術の一般的なものとして、電気分解と電気メッキがある。

A　電気分解 (図 12・7)

電気を用いて化合物を分解する操作を**電気分解** (電解) という。容器に溶融食塩 NaCl を入れ、電極を挿入して通電すると陰極に Na$^+$ が集まり、電極から電子を受け取って金属ナトリウム Na として析出する。一方、陽極には Cl$^-$ が集まり、電極に電子を渡して塩素原子 Cl となり、結合して塩素ガス Cl$_2$ となって発生する。

金属間化合物
合金は多種類の金属を任意の割合で混合したものである。それに対して金属間化合物は、成分の金属原子が互いに化学結合を形成することができるような割合で混合したものである。すなわち、各金属の持つ結合手の本数を考慮し、各金属原子の個数の比が整数比になるようにしたものである。

量子ドット
1 万個程度の原子でできた集団を量子ドットという (小さいのでドット (点) と呼ばれる)。この程度の原子集団では、集団全体の電子がドット内に閉じ込められ、全体として原子に似た性質を持つ。すなわち、光エネルギーを吸収して高エネルギー状態になり、そのエネルギーを電気エネルギーとして放出することによって、元の低エネルギー状態に戻るのである。

陽極・陰極
電池の正極につないだ電極を陽極、負極につないだものを陰極という。

食塩水の電気分解
食塩水の電気分解では、Na より H のイオン化傾向が小さいので、Na$^+$ でなく H$^+$ が電子を受け取り、水素ガス H$_2$ が発生する。陽極では塩素ガス Cl$_2$ が発生する (図 12・7 右)。

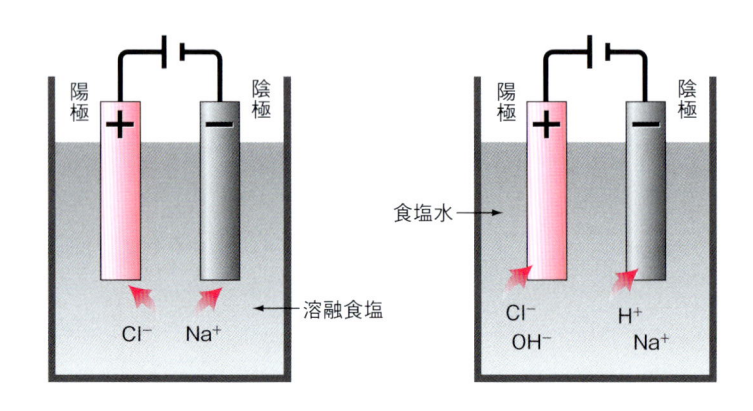

図 12・7　電気分解

陽極：$2Cl^- \longrightarrow Cl_2 + 2e^-$
陰極：$2Na^+ + 2e^- \longrightarrow 2Na$

陽極：$2Cl^- \longrightarrow Cl_2 + 2e^-$
陰極：$2H^+ + 2e^- \longrightarrow H_2$

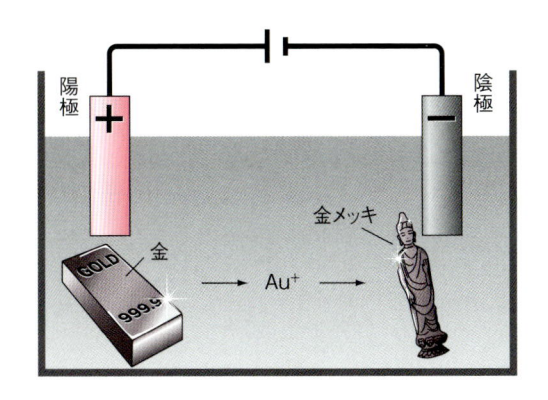

図 12・8 電気メッキ

陽極：M ⟶ M^{n+} + ne$^-$
陰極：M^{n+} + ne$^-$ ⟶ M

B　電気メッキ（図 12・8）

　電気を用いて金属の表面に他の金属を析出させる操作を**電気メッキ**という。容器に電気を通す電解質を入れ、中に電極をセットする。陰極にメッキされるもの（例えば仏像）をつなぎ、陽極にメッキする金属（例えば金）をつないで通電する。陽極では金が電子を電極に渡してイオンAu$^+$となって溶け出し、陰極に移動して仏像の表面に達し、そこで電子を受け取って金属金となって仏像の表面に析出する。

12・5　水銀灯・蛍光灯（図 12・9）

　電気を利用した身近なものに**蛍光灯**がある。この発光原理を考えてみよう。公園で青白く輝くのは**水銀灯**であり、蛍光灯は水銀灯の応用品である。まず、水銀灯について考えてみよう。
　水銀灯の中には金属水銀が入っている。通電すると加熱され、水銀の気体（原子状）となる。この原子が電気エネルギー ΔE を受け取って高

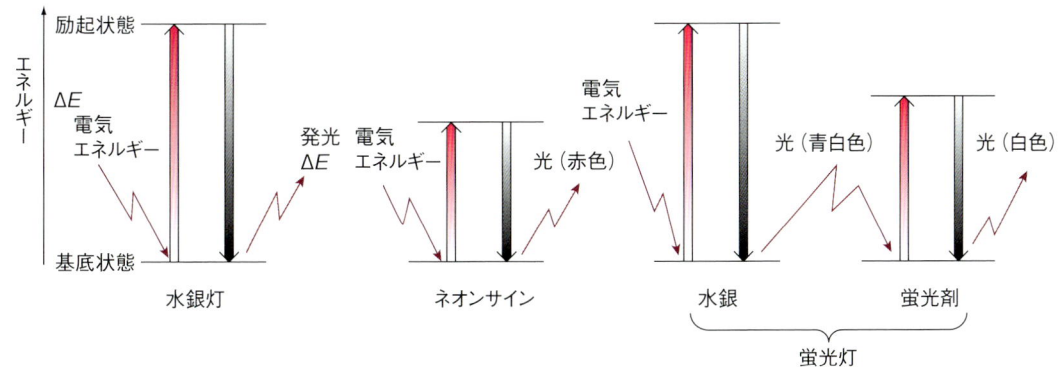

図 12・9　水銀灯・蛍光灯のエネルギー変化

エネルギーの**励起状態**となる。しかし、励起状態は不安定なので元の低エネルギーの安定状態である**基底状態**に戻る。このときに、先ほど吸収した ΔE を**光エネルギー**として放出するのである。

しかし、水銀の場合、ΔE が大きく、波長で見ると可視光線から紫外線の領域に該当する。そのため、水銀灯の光は青白いのである。ネオンサインのネオン（原子：Ne）も同様の原理で発光するが、ネオンの場合は ΔE が小さいので赤い光を発光することになる。

水銀灯のガラス容器の内側には蛍光剤が塗られている。蛍光剤は光エネルギーを吸収して励起状態になり、その後 基底状態に戻るときに光を放出する。ただし、この一連の過程でエネルギーロスが起こるので、蛍光剤の発光する光は元の光より低エネルギー、すなわち長波長側になる。このため、蛍光灯の光は水銀灯より赤っぽく、普通の可視光線に近くなる。

12・6　発光ダイオード、有機 EL

発光ダイオードの発光原理は、太陽電池の反対である。pn 接合面を持つ半導体に電極からエネルギーを持った電子を注入すると、電子は pn 接合面でエネルギーを光として放出し、その後反対の電極に戻る。

有機 EL は発光ダイオードの半導体を有機物に変えたもので、構造は原理的には有機薄膜太陽電池と同じであり、発光原理は発光ダイオードと同じである。

12・7　生 物 発 光

電気とは無関係であるが、発光を扱ったので、ついでに生物の発光現象も見ておこう。生物の発光は、どのような生物であれ、「発光分子であるルシフェリンが酵素ルシフェラーゼの力を借りて酸素と反応して発光する」と説明される。ただし、ルシフェリン、ルシフェラーゼは生物の種類に固有であり、ホタルと夜光虫のものでは全く異なる。

例としてウミホタルのものを示した（**図 12・10**）。ウミホタルルシフェリン A が酸素と結合して B となる。ここから低エネルギー分子 CO_2 が脱離することによって、残りの部分が高エネルギー（励起状態）C^* となる。この励起状態が基底状態 C になるときに余分のエネルギー ΔE を光として放出するのである。

ナトリウムランプ
高速道路のトンネルなどに使われるオレンジ色の光はナトリウムによる発光であり、ナトリウムランプと呼ばれる。

有機 EL の長所・短所
有機 EL の長所、短所は、有機太陽電池のものと基本的に同じである。電極に導電性高分子を使えば、ロールカーテン式のテレビも可能である。また、有機物そのものが発光するので、液晶モニターのように発光パネルを用意する必要が無くなり、さらに薄型となる。また、画面の暗い部分は消費電力が少なくてすむので省エネにもなる。

有機 EL 研究
有機 EL の研究では日本は世界をリードしているが、実用化に関しては後れを取っている。

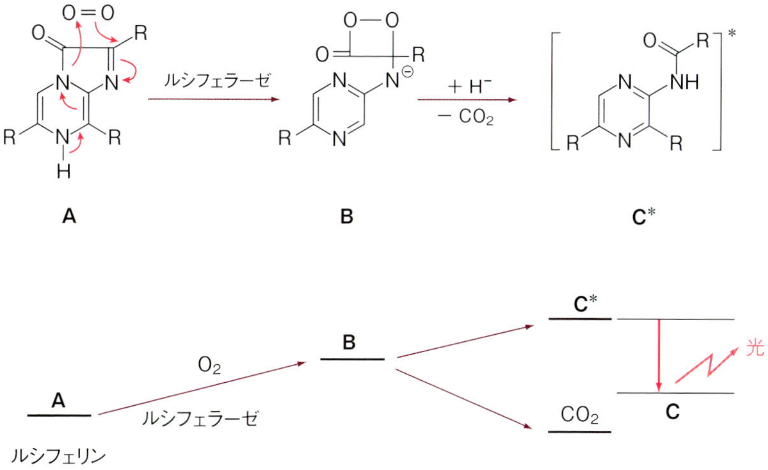

図 12・10 ウミホタルのルシフェリンの構造とエネルギーの変化

コラム 古代電池

　電池は一見不思議に見えるが、その原理はわかってしまえば至って単純なものである。要するに、電解質溶液にイオン化傾向の異なる2種の金属棒を挿し込めばOKである。子供博物館では、電解質をレモン、金属をアルミニウムと銅などでデモンストレーションしている。

　壺に酸っぱいワインを入れ、そこに鉄と銅の棒を入れれば古代電池である。問題は使い道である。古代に豆電球があったらそれこそ歴史のミステリーになる。おそらく、占いに用いたのであろう。

　窃盗の容疑者に「そなたが犯人ならば、神がそなたの舌を射抜くであろう」などとタップリ脅しをかけた後に電極を舐めさせたら…。経験の無い刺激に腰を抜かすのでは？　可哀想に、誰だって犯人にされてしまう。

　占い師の方は犯人を当てたということで、権威はますます高まり、国家安泰、メデタシメデタシである。

演習問題

12.1　次の金属を、イオン化傾向の大きい順序に不等号を付けて並べよ。
　　Au、Fe、Mg、Na、Pb、Al、Cu、Pt、Ag、Zn

12.2　化学電池以外の電池の名前をあげよ。

12.3　ボルタ電池で電子を受け取るのが Zn^{2+} でなく、H^+ なのはなぜか？

12.4　水素燃料電池で、電気エネルギーを発生する反応式を示せ。

12.5　シリコン太陽電池で、p型、n型半導体とはそれぞれ何か？

12.6　シリコンの埋蔵量は無尽蔵と考えられるのに、太陽電池用のシリコンが高価なのはなぜか？

12.7　食塩の溶融電解、食塩水の電気分解、それぞれで生成するものは何か？

12.8　銅像を金メッキする場合、陽極につなぐものは何か？

12.9　水銀灯が発光するエネルギー的原理を、図を用いて説明せよ。

12.10　生物発光において発光する物質、その発光を助ける酵素は、それぞれ一般に何といわれるか？

第 13 章

原子力と電力の関係って？
― 原子力と放射線の化学 ―

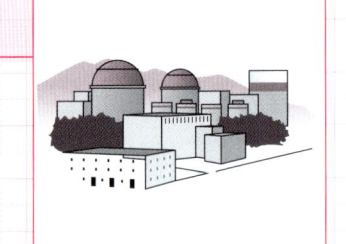

　発電方法はいろいろあるが、中でも注目を集めているのが原子力発電である。原子力発電は原子力によって発電するシステムである。それでは原子力とは何だろう？　原子がどうやって力を出し、それがどうやって電気になるのだろう。原子力発電は原子炉によって行われるというが、原子炉とはどんな構造であり、中で何が行われているのだろう？　原子炉で問題になるのは放射能である。放射能は怖いといわれるが、なんで怖いのだろう？

13・1　原子核反応

　1・2節で見たように、原子は原子核と電子雲でできている。原子核の直径は原子全体の直径の1万分の1と、無視できるほどに小さい。しかし、原子の質量のほとんど全ては原子核にあり、電子雲の質量は無視できるほどに小さい。

　全ての化学反応は電子雲によって行われる。すなわち、無視できるほどに軽いものが起こす現象が化学反応である。反応を起こすのは電子雲だけでなく、原子核も反応を起こす。原子核の起こす反応を**原子核反応**という。

　原子のほぼ全質量を担う原子核が起こす原子核反応は、化学反応とは比較にならないほど強力である。すなわち、化学反応とは比較にならないほど大量のエネルギーを放出する。

　原子核が変化するということは、原子番号が変化し、質量数が変化するということである。すなわち、原子核反応では、各同位体（☞ 1・3節参照）が互いに異なった反応性を示すのである。水素の三種の同位体、^1H、^2H、^3H はそれぞれに異なった原子核反応を起こす。したがって原子核反応を考えるときには、元素ではなく、同位体に着目しなければならない。

現代の錬金術
原子核反応では、原子は他の原子に変化する。すなわち、元素が他の元素に変化するのである。中世の昔にあったという錬金術は、鉄や鉛を金に変えるという怪しげな技術であった。現代では、金以外の金属を金に変えることができる。すなわち錬金術は実現したのである。
　それどころか、今まで自然界に存在しなかった元素をも作ることができるようになった。原子番号93以降の超ウラン元素はこのようにして作られる。

13・2　放　射　能

　原子核が反応を起こして変化するとき、さまざまなものを放出する。この放出されたものを一般に**放射線**という。そして、放射線を放出する同位体を**放射性同位体**という。また、原子核が放射線を放出することの

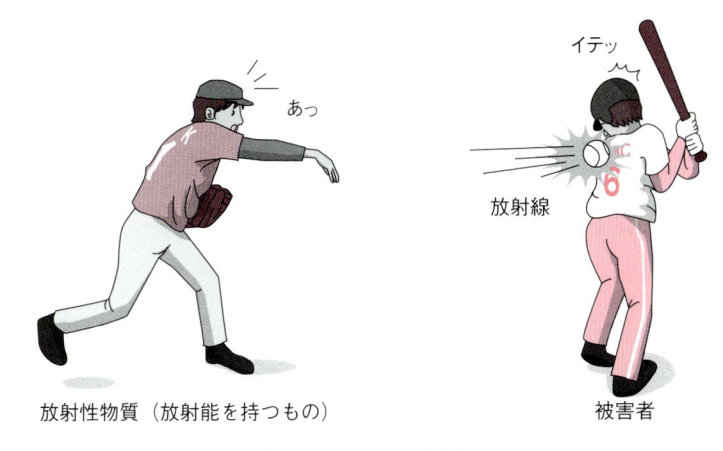

図 13・1　放射能と放射線を野球に喩えると…

できる性質、能力を **放射能** という。したがって、放射性同位体は放射能を持つことになる（放射能を持たない同位体は **安定同位体** という）。

野球に喩えれば、放射性同位体はピッチャーであり、ボールが放射線であり、ピッチャーとしての能力が放射能である。バッターに当たって怪我をさせるのは放射線である。放射能ではない（**図 13・1**）。

A　放射線

放射線にはいくつかの種類がある。主なものを見てみよう。

- **α線**：ヘリウム 4（^{4}He）の原子核が高速で飛んでいるもの。生体に対する害は非常に大きいが、紙 1 枚で遮蔽できる。
- **β線**：電子が高速で飛んでいるもの。遮蔽するには 1 cm 厚さのプラスチックあるいは数 mm のアルミ板が必要。
- **γ線**：X 線と同じく高エネルギーの電磁波（☞ 12・3 節参照）。遮蔽するには 10 cm 厚さの鉛板が必要。
- **中性子線**：中性子が高速で飛んでいるもの。遮蔽は困難で 1 m 以上の鉛板が必要であるが、水によって効果的に遮蔽できる（☞ 13・5 節 側注参照）。
- **重粒子線**：炭素などの小さい原子の原子核が高速で飛んでいるもの。がん治療など、主に医療関係で用いられる。

B　原子核崩壊

原子核が放射線を放出して他の原子核に変化する反応を **原子核崩壊** という（**図 13・2**）。放出する放射線の種類によって、α崩壊、β崩壊、γ崩壊、中性子崩壊がある。崩壊反応によって、その原子核の量が半分になるのに要する時間を **半減期** という。

放射線の影響の大きさ
α線、β線、γ線、中性子線の人体に対する害の相対的な大きさは、およそ 20：1：1：10 といわれる。

放射線はどこにでも
地中では原子核崩壊が盛んに起こっている。その反応で放出されるエネルギーが地熱の元になっている。地球内部が 5 千〜6 千 ℃ になっているのはこのせいである。また、生体を作る原子（炭素、カリウムなど）も崩壊反応を起こして、生体内部で放射線を放出している。すなわち、全ての生体は放射線から自由になることはできない運命にある。

原子核の半減期
原子核の半減期は、短いものは 1 万分の 1 秒以下、長いものは 100 億年以上と、千差万別である。

$^A_Z X \longrightarrow\ ^4_2 He + ^{A-4}_{Z-2} Y \qquad α崩壊$
　　　　　　　α線

$^A_Z X \longrightarrow\ ^0_{-1} e + ^A_{Z+1} W \qquad β崩壊$
　　　　　　　β線

$^A_Z X \longrightarrow エネルギー + ^A_Z X^* \qquad γ崩壊$
　　　　　　　　　　　不安定原子核

$^A_Z X \longrightarrow\ ^1_0 n + ^{A-1}_Z X \qquad 中性子崩壊$
　　　　　　　中性子線

図13・2　さまざまな原子核崩壊

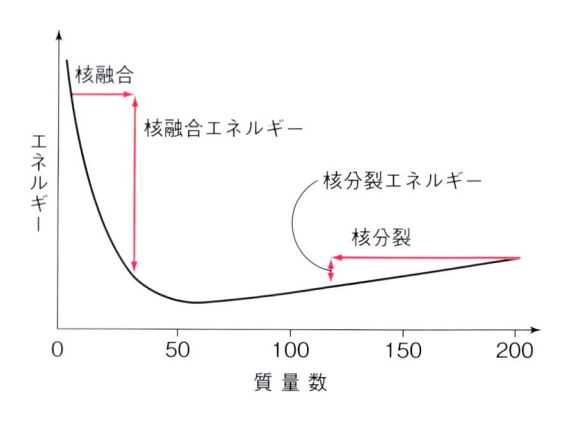

図13・3　原子核が持つエネルギー

13・3　核融合と核分裂

図13・3は原子核の持つエネルギーを表したものである。小さい原子の原子核も大きい原子の原子核も高エネルギーであり、質量数60程度の鉄の原子核などが低エネルギーである（☞ 第1章コラム「原子核のエネルギー」参照）。

A　核融合反応

図13・3によれば、小さい原子核を融合して大きな原子核にすれば余分なエネルギーが放出されることになる。この反応を**核融合反応**、放出されるエネルギーを**核融合エネルギー**という。

太陽を含めて全ての恒星は核融合を行っており、そのエネルギーで輝いている。人類が核融合反応を自らの手で行ったのが**水素爆弾**である。核融合反応を平和的に利用しようというのが核融合炉の構想であるが、実用化にはまだ数十年の基礎研究が必要といわれる。

B　核分裂反応（図13・4）

ウランのように大きな原子核を分裂させて小さくしてもエネルギーが放出される。この反応を**核分裂反応**、エネルギーを**核分裂エネルギー**という。これを兵器として利用したのが**原子爆弾**で、平和的に利用したのが原子炉であり、原子力発電である。

核分裂を起こすには、原子核に中性子を衝突させればよい。すると原子核は分裂し、核分裂エネルギー、放射性の核分裂生成物とともに数個の中性子を放出する。するとこの中性子がまた別の原子核に衝突するということの繰り返しで、枝分かれ連鎖反応となり、反応はネズミ算的に

アメリカの水爆実験
アメリカは1954年に太平洋のビキニ環礁で水素爆弾の実験を行った。この実験によって発生した放射性廃棄物を浴びたのが、近くでマグロ漁をしていた第五福竜丸であった。被爆によって機関長の久保山愛吉氏が半年後に亡くなった。

原子爆弾の原料
広島に落とされた原子爆弾（通称リトルボーイ）は、爆薬としてウランUを用いたものであり、長崎に落とされた原子爆弾（通称ファットマン）はプルトニウムPuを用いたものであった。現代の原子爆弾はほとんどがプルトニウムを用いたものである。

原子爆弾の^{235}U濃度
原子爆弾の爆薬にするためには^{235}U濃度を少なくとも75％程度に上げる必要があるという。

図 13・4 核分裂反応

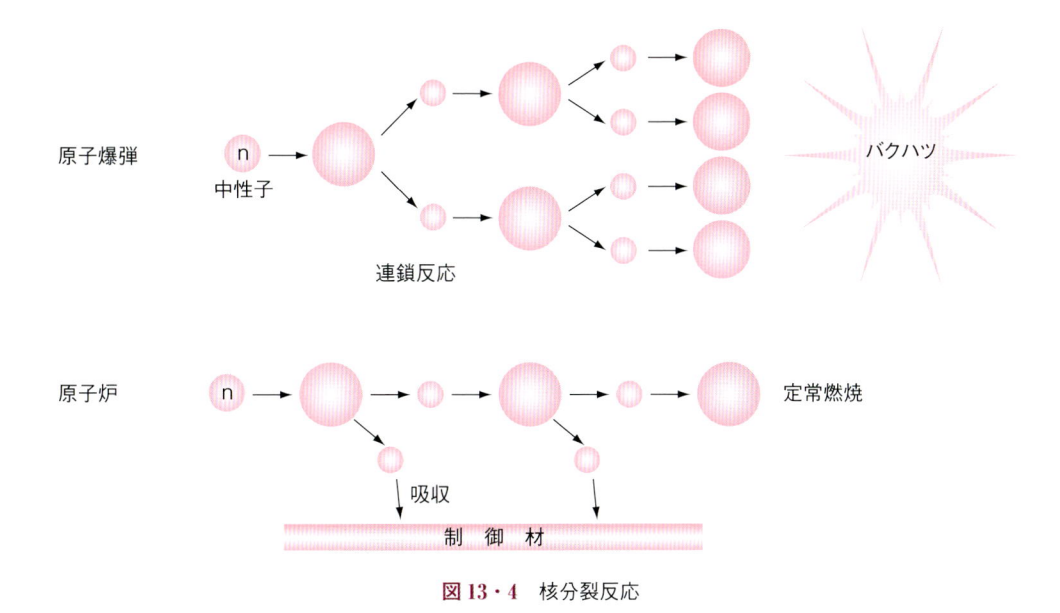

拡大し、爆発に至る。これが原子爆弾の原理である。

　反応を拡大させないためには、1回の反応で発生する中性子数 N を1にすればよい。すると反応は連鎖するが拡大はせず、同じ大きさで進展する。このような状態を定常燃焼という。原子炉内の核分裂はこの状態に制御されている。また N を1以下にすれば、反応は終結する。

　中性子数の制御は、余分な中性子を吸収することで行われる。この役割をするものを制御材といい、カドミウム Cd やハフニウム Hf が用いられる。

13・4　原子力発電

　原子力発電は、核分裂によって発生するエネルギーを利用して発電することである。注意すべきことは、核分裂を行う装置は原子炉であり、発電機は別物であるということである。

　電池を除けば、全ての発電は発電機のタービンを回転させることによって行われる。風力発電は風車に発電機を直結したものである。火力発電は、ボイラーでお湯を沸かして水蒸気（スチーム）とし、それをタービンに吹き付けて回転させる。

　原子力発電も全く同じである。原子炉でスチームを作り、それを発電機に吹き付けて回転させる。発電機は原子力用も火力用も同じである。すなわち、原子炉はスチームを作るだけであり、いわばボイラーの成り上がりである。

劣化ウラン
^{238}U だけを取り出したものは劣化ウランと呼ばれ、弾丸などに使用される。それは、ウランの比重が 19.1 と、鉄の 7.9 などと比べて圧倒的に重いため、弾丸にすると運動量が大きくなり、貫徹力が大きくなるためである。しかし ^{238}U は放射性であり、しかも燃えやすいので、戦場が放射線で汚染される可能性が指摘されている。

ウランの埋蔵量
ウランも天然資源であり、その量には限りがある。ウランの可採埋蔵量はおよそ 100 年といわれている。しかし、ウランはかなりの量が海水に溶けており、それを回収すれば可採埋蔵量は増える。化学的には可能な技術であり、問題はコストである。

13・5 原子炉

原子炉は、内部で核分裂反応を定常燃焼状態で反応させる装置である。

A 原子炉の材料

原子炉が稼働するためには燃料、制御材が必要であるが、その他に減速材と冷却材が必要である。

○ **燃料**：原子炉の燃料には ^{235}U を用いる。天然のウランに含まれる ^{235}U はわずか 0.7 % であり、その他は燃料にならない ^{238}U である。核燃料にするには ^{235}U の濃度を数 % に上げる必要がある。この操作を濃縮という。

○ **減速材**：核分裂で生成する中性子は高エネルギーを持った高速中性子であり、その速度は光速に近い。高速中性子は ^{235}U と反応しない。反応させるためには高速中性子を他の原子核に衝突させて減速しなければならない。この役を行うものを減速材といい、多くの場合、中性子と同じ質量を持つ水素原子（^{1}H）を含む水（軽水）が用いられる。

○ **冷却材**：原子炉の熱エネルギーによってスチームになる物質であり、水である。したがって水は冷却剤と減速材を兼ねることになる。

B 原子炉の構造

原子炉は上記の必要素材を過不足なく配置したものである。実際の原子炉の構造はこの上ないほどに複雑なものであるが、それをこの上ないほど単純化したものが**図 13・5** の構造である。

日本型の原子炉の場合、原子炉本体は頑丈な圧力容器の中に構築される。圧力容器はさらに格納容器で覆われる。

原子炉の中には、まず ^{235}U からなる燃料体があり、その間に制御材が挿入される。制御材が燃料体の奥深く挿入されれば、それだけ多くの中性子が吸収される。その結果、先に見た中性子数 N が減少し、原子炉出力は低下する。炉内は減速材と冷却材を兼ねる水で満たされ、水の一部は沸騰して水蒸気になる。この水蒸気は炉外に導かれて発電機を回す。

以上が原子炉と原子力発電の基本原理である。しかし、原子炉の問題は、^{235}U が核分裂をした後に生じる放射性物質、使用済み核燃料の問題である。これは半減期に応じた長期間にわたって放射線を出し続ける。使用済み核燃料をどのようにして保管するかは、スウェーデンを除いて結論を得ていない。

トリウム型原子炉

原子炉の燃料は ^{235}U に限らない。トリウム Th も有力な原子炉燃料である。実際、原子炉開発の初期にはトリウムを燃料とする実験型原子炉も構築され、数年にわたって安全に運転された実績がある。

トリウム埋蔵量の多いインド、中国では、トリウム型原子炉を実現する動きがあるという。

軽水炉と重水炉

減速材に普通の水を用いたものを軽水炉という。核爆弾の原料になるプルトニウムを生産する能力が低いので、平和目的の原子炉といわれる。日本の原子炉は全てこのタイプである。それに対して、重水（D_2O）を用いたもの（重水炉）や黒鉛を用いたもの（黒鉛炉）はプルトニウム生産能力が高く、軍事目的を兼ねたものといわれる。

中性子線遮蔽材としての水

水は中性子の速度を減少させ、運動エネルギーを減少させる。そのため、中性子線の遮蔽材として有効である。使用済み核燃料を冷水プールに保管するのは、原子核崩壊による熱エネルギーを吸収する目的とともに、中性子線遮蔽の目的もある。

日本型原子炉

日本型原子炉の例では、圧力容器は厚さ 10 cm 以上の鋼鉄製であり、格納容器は厚さ数 cm の鋼鉄と厚さ 3 m ほどのコンクリートからできている。

スウェーデンの核廃棄物対策

スウェーデンでは、地下 500 m に長さ 4 km のトンネルを掘って保管することにしたという。保管後数十年経っても 1 % 程度の放射能は残るが、10 万年！後にはウラン鉱石のレベルまで下がるという。

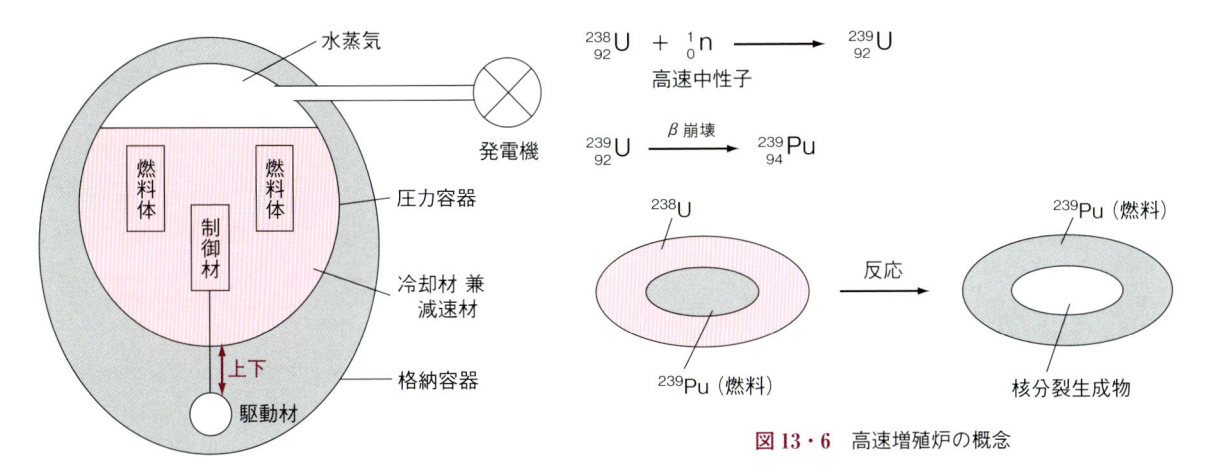

図 13・5 原子炉の模式図

$^{238}_{92}U + ^{1}_{0}n \longrightarrow ^{239}_{92}U$
高速中性子

$^{239}_{92}U \xrightarrow{β崩壊} ^{239}_{94}Pu$

図 13・6 高速増殖炉の概念

13・6 高速増殖炉

高速増殖炉の"増殖"は、燃料が増殖することを意味する。すなわち、燃料1kgが燃え尽きて、エネルギーを出し尽くした後に、改めて燃料の残量を測ってみると、最初の量の1kgより増えているということである。まるで魔法である。また"高速"は高速中性子を用いるということである。

原子炉の燃料には99%以上の^{238}Uが含まれており、これは高速中性子と反応してプルトニウム(^{239}Pu)となる。プルトニウムは核分裂をするので原子炉の燃料となるが、その際、高速中性子を放出する。

つまり、プルトニウムを^{238}Uで包んだ燃料を作って反応させると、反応終了後には^{238}Uがプルトニウム、すなわち燃料に変化しているのである。これが燃料増殖のカラクリである（図13・6）。

問題は高速中性子である。冷却材に水を用いると高速中性子が減速されてしまう。すなわち、高速増殖炉では冷却材として水や油など、水素原子を有する材料を用いることはできない。そこで用いられるのが、質量数23、比重0.97、融点97℃のナトリウムNa金属である。

しかし、ナトリウムは反応性の激しい金属であり、水に会うと水素ガスを発生して爆発する。そのため、高速増殖炉は実現するための安全策を講じることが難しい。

ウランも埋蔵量に限度のある資源であり、その可採埋蔵量は100年といわれる。しかしそれは存在比0.7%の^{235}Uのみを使用した場合である。高速増殖炉によって99%以上の^{238}Uを燃料とすることができれば、単純計算で100年のほぼ100倍の1万年近くに延びることになる。

原子炉の二つのスタイル

原子炉内で水を沸騰させて水蒸気にするスタイルを沸騰水型といい、東京電力などが採用している。それに対して、原子炉内では高圧にして沸騰させず、熱水のまま原子炉外に導いて、そこで熱交換器によって別系統の水を沸騰させる形式を加圧水型という。この形式は九州電力などが採用している。

この違いは、原子炉導入時に、東京電力は米国ゼネラル・エレクトリック社の方式を導入し、九州電力は米国ウエスティングハウス社の技術を導入したことに起因する。

高速増殖炉もんじゅ

高速増殖炉の実験炉は、智慧の仏、文殊菩薩に因んで"もんじゅ"と名付けられ、福井県に設置された。1994年に運転を開始したが、翌年の1995年にナトリウム漏れの事故を起こして運転を休止した。その後修理を重ねたがトラブルが相次ぎ、2014年現在、運転再開には至っていない。

コラム　放射線ホルミシス

放射線は分子を破壊する。生物の体は分子からできているから、その分子が破壊されてよいはずがない。しかしまた一方、生物は自己復元、自己再生の能力も持っている。傷つけられたDNAは自分で（酵素によって）復元して元に戻る。

少々の傷は、付けられた方が刺激になってよいのかもしれない？　というわけでもなかろうが、放射線ホルミシスという考えがある。これは、大量の放射線を一挙に浴びれば害になるが、少量の放射線を継続的に浴びるのは健康に良い、というものである。

なにやら、深酒は悪いが適度の晩酌は良い、というような考えである。この考えから、ラジウム温泉のような放射性温泉は体に良いという考えが支持されるということになる。しかし、この考えは医学的に検証されたものではないという。何事も自己責任である。

演習問題

13.1　放射能、放射線、放射性物質の関係を野球に喩えて説明せよ。
13.2　放射線の種類を 4 種あげよ。
13.3　核融合反応とは何か？
13.4　核分裂反応とは何か？
13.5　ウランの同位体で原子炉の燃料となるのは何か？　その存在比はどれほどか？
13.6　原子炉における制御材の役割は何か？
13.7　原子炉における減速材の役割は何か？　また、減速材としてどのような物質が用いられるか？
13.8　プルトニウムはどのようにして生産されるか？
13.9　高速増殖炉とは何か？
13.10　使用済み核燃料とは何か？　その保管はどのようになっているか？

第 14 章

家庭は化学実験室
—家庭の化学—

　現代の家庭は合成化学物質の宝庫である。木工品に見える多くのものはプラスチック製品であり、衣服やカーテンは合成繊維が多い。食品は化学色素で飾られ、殺菌剤や保存料で守られている。怪我をしたり病気になれば、化学薬品が治してくれる。キッチンやバスは化学製品の反応場の観がある。庭やベランダのグリーンは化学肥料で成長し、殺虫剤が害虫を寄せ付けない。家庭における化学物質の活躍を見ると、前章までに学んだ化学知識の総復習と総仕上げになる。

14・1　キッチン、バスで使うもの

　家庭で化学物質が最も活躍する場はキッチンとバスであろう。ここでは化学物質は実際に反応し、変化している。

A　調理

　調理に加熱は必須である。その熱は、多くの家庭ではガスの燃焼で賄われる。家庭に来るガスは多くの場合天然ガスで、その主成分はメタン CH_4 である。地域によってはプロパンガス C_3H_8 が供給されているところもある。

　調理の素材はデンプンやタンパク質が多い（☞第9章参照）。タンパク質は立体構造が大切であり、加熱や塩蔵、アルコール漬けなどによって立体構造は不可逆的に変化する。この変化を**変性**という。調理は調味料によって味付けをするだけでなく、デンプンを分解してグルコースにし、タンパク質を変性させて消化しやすいようにし（加熱）、また有毒なタンパク質を無毒化する（塩蔵、アルコール漬け）などの、高度に化学的な操作でもある。

　調理器具の多くは金属であるが、鍋の取っ手や蓋のつまみは熱硬化性高分子である。食器のいくつかは同じように熱硬化性高分子でできているだろう（**図 14・1**）。

B　漂白剤

　黄ばんだ衣服は漂白剤で白くするが、漂白剤の多くは次亜塩素酸ナトリウム NaClO を含む酸化漂白剤である。カビ取り剤にも次亜塩素酸ナトリウムが含まれる。

アク抜き
アク抜きは、塩基性の灰汁（灰の水溶液）によって、山菜などに含まれる有毒成分（アク：先の灰汁と混同しないよう注意）を加水分解して無毒化する操作である。ワラビに含まれる有毒成分であるプタキロサイドは、この操作で完全に除かれることが知られている。

フグの卵巣を食用にする知恵
石川県能登地方では、猛毒のフグの卵巣を塩蔵と糠漬けを繰り返すことによって食用としたものがある（写真）。テトロドトキシンが無毒化する反応機構は不明。

©いしかわや

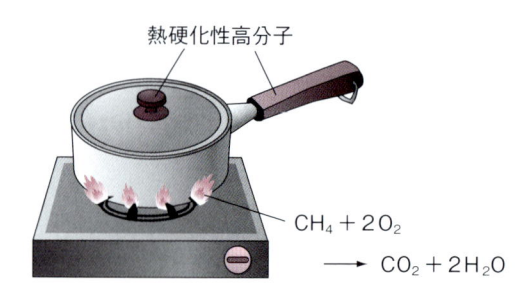

図 14・1 加熱調理と化学

最近はガスレンジなどの汚れ落としに重曹を使う家庭もあるようだが、重曹は炭酸水素ナトリウム NaHCO₃ で、炭酸という酸と、水酸化ナトリウムという塩基の中和反応によって得られた塩である。弱酸と強塩基の塩なので塩基性である。一方、トイレの汚れは塩基性が多いので、トイレ洗剤は塩酸 HCl を含むものが多い。

次亜塩素酸ナトリウムと塩酸などの酸を反応させると、猛毒の塩素ガス Cl₂ が発生する。

$$NaClO + 2\,HCl \longrightarrow NaCl + H_2O + Cl_2$$

漂白剤、カビ取り剤とトイレ洗剤は決して混ぜてはいけない。家庭の酸は塩酸だけではない。食酢も酸であることを忘れてはいけない。

14・2 リビングで使うもの

リビングで化学反応が行われることは多くないが、化学製品の種類と量は多い。

A 家具・家電製品

木工品のように見える家具も、多くの場合積層合板で作った薄い箱を組み合わせたもののことが多く、合板の接着剤は熱可塑性高分子のことが多い。そのため、未反応のホルムアルデヒド HCHO が浸出し、シックハウス症候群を引き起こしたりする（☞ 11・5 節 側注参照）。

プラズマテレビも蛍光灯と似た原理である。プラズマという特殊状態の気体原子と、蛍光剤による発光で画像を表している。画面は微小な蛍光灯の集合体のようなものである。

B 化粧品・コロイド

医薬品が化学薬品であることはいうまでも無い。化粧品も化学物質の

ナトリウムかソーダか
ナトリウム Na は英語名で、ドイツ語ではソーダという。20 世紀半ばまで、化学界ではドイツ語が盛んに用いられた。そのため pH をペーハー、ベンゼンをベンゾールと呼ぶことがあった。"重曹" は、NaHCO₃ のドイツ語名の日本語訳、重炭酸ソーダ（曹達）からきた名前である。

コロイド粒子
コロイド粒子の直径は $10^{-7} \sim 10^{-9}$ m ほどであり、原子数で 10^3 から多いものでは 10^9 個に達する。

表 14・1 コロイドの種類

分散媒	コロイド粒子	名称	例
気体	液体	液体エアロゾル	霧, スプレー
	固体	固体エアロゾル	煙, ほこり
液体	気体	泡	泡
	液体	乳濁液（エマルション）	牛乳, マヨネーズ
	固体	懸濁液（サスペンション）	ペンキ, シリカゾル
固体	気体	固体泡	スポンジ, シリカゲル, 軽石, パン
	液体	固体エマルション	バター, マーガリン
	固体	固体サスペンション	着色プラスチック, 色ガラス

ゾルとゲル
流動性のあるコロイドを**ゾル**、流動性の無いものを**ゲル**という。生卵を茹でると固まり、寒天溶液を冷やすと固まるのは、ゾルがゲル化したものである。

疎水コロイド・親水コロイド
体積的に大きいコロイド粒子が沈降したり、互いに癒着したりしないのは、① コロイド粒子の表面が電荷を帯びており、静電反発で互いに反発し合っていたり、② コロイド粒子表面に水が付着して粒子同士の接近を妨げているからである。前者を疎水コロイド、後者を親水コロイドという。

ブラウン運動
コロイド粒子に分散媒が衝突するため、コロイド粒子は常に不規則に移動している。この運動を**ブラウン運動**という。この発見は溶液を構成するものが粒子である可能性を示唆し、後の原子や分子の発見につながったといわれる。

コロイドの塩析
疎水コロイドに少量のイオン性化合物（電解質）を加えると、表面電荷が消失し、コロイド粒子は凝析する。また、親水コロイドでも大量の電解質を加えると凝析する。これを特に**塩析**という。親水コロイド溶液である豆乳を、イオン性化合物であるニガリ（塩化マグネシウム $MgCl_2$）で塩析したものが豆腐である。

保護コロイド
疎水コロイドに親水コロイドを加えると、疎水コロイドの粒子表面に親水コロイドが付着して凝析しにくくなる。この目的で加える親水コロイドを保護コロイドという。マヨネーズに加える卵黄がその例である。

塊である。各種の顔料、香料の多くは化学合成で作られる。乳液やクリーム類では、成分が乳化剤と混じってコロイドとなっている。

a コロイド

コロイドは溶液の一種であるが、溶質が分子の集合体であり、体積的に大きいことが特徴である。コロイドは牛乳のような流動性のある液体ばかりとは限らない。霧のように気体状のものもあるし、着色ガラスのような固体もある。コロイド粒子（分散質）と溶媒（分散媒）の組み合わせはいろいろある。いくつかの例を**表 14・1** に示した。

b コロイドの性質

コロイドは特徴的な性質を示す。その一つは**チンダル現象**である。雲の間から差し込む太陽光が筋状に見えることがある（**図 14・2**）。これは光がコロイド粒子で散乱されることから起こる現象である。

コロイド粒子は大きいので、半透膜で濾し取ることができる。これを**透析**という。血液はコロイドの一種であり、腎臓疾患患者に行う血液透析は、血液成分のうち老廃物などの小分子だけを半透膜によって濾し取る操作である。

コロイド状態は不安定であり、塩などイオン性の化合物を加えると分散質が凝集して沈殿し、分散質の塊部分と分散媒の溶液部分に分離する。この現象を一般に**凝析**という。

> **コラム　空はなぜ青い・夕空はなぜ赤い**
>
> 　青空が青いのもコロイドの性質である。すなわち、青空には多くの気体分子が存在するが、分子程度の大きさの粒子は光を散乱（レイリー散乱という）する。光がレイリー散乱される程度は波長の4乗に反比例するので、波長の短い青い光が散乱されやすい。この結果、空中には散乱された青い光が多くなるので、それが目に入り、空は青く見える。
>
> 　それに対して、コロイド粒子が大きくなるとミー散乱になる。これは波長に関係なく全ての光が同じ程度で散乱される。雲が白く見えるのはこのためである。
>
> 　ちなみに夕空が赤いのは、太陽高度が低くなるため、太陽光が観察者に達するまでに空気中で長い光路をたどり、この過程で全ての青い光成分が散乱で失われ、残った赤い光成分だけが観察者に届くため赤く見えるのである。

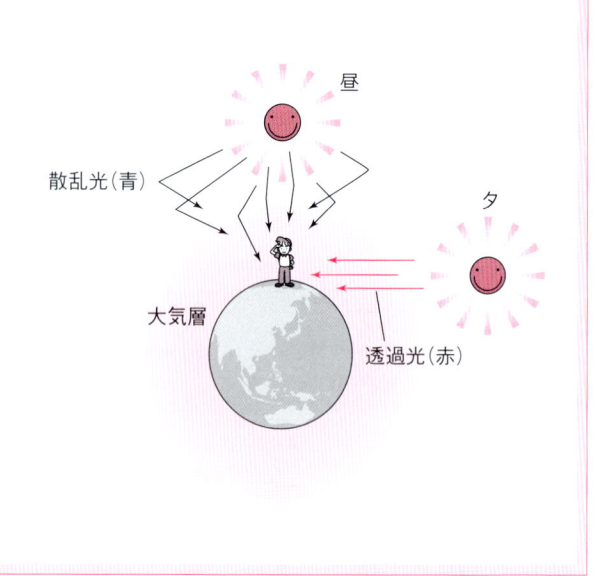

図 14・2　チンダル現象（雲間から太陽光が射している）

14・3　デスクで使うもの

　デスクの上には、小さいが機能的なものがたくさんある。

A　筆記具

　消しゴムで消し去ることのできる鉛筆は便利であるが、保存には不安がある。その点、安全なのがインクで書くボールペンである。しかし最

近、専用の消しゴムで消すことのできるボールペンが現れた。これはインクに特殊な仕掛けがしてある。このインクはマイクロカプセルに入っているが、その成分はロイコ色素 A、顕色剤 B、温度調節剤 C の三種からできている。A は無色であるが、B と結合することによって黒く発色する。

常温では A と B が結合して AB となって黒くなっている。しかし高温（65 ℃ 程度）になると、C が AB から B を離して自らが B と結合し、BC となる。このため、A は無色となって色が消えるのである。専用の消しゴムは摩擦熱によって温度を高める役目をしている。

$$A + B \longrightarrow AB$$
無色　無色　　　　黒色

$$AB + C \longrightarrow A + BC$$
　　　　　　　　無色　　無色

B　瞬間接着剤

接着剤は、二つの物体の表面に塗布することによって貼り合わせるものである。全ての物体の表面は原子レベルで見れば凹凸がある。接着剤はこの凹凸に入り込んで固化することによって接着するのであり、この機構をアンカー（錨）機構という。普通の糊は水と混じって流動的な状態で凹凸に入り込み、その後、水分が蒸発することによって固化して"錨"となって物体を接着する。

瞬間接着剤の容器の中に入っているのは高分子の単位分子であり、流動性に富む液体である。これが凹凸に入り込んだ後に空気中の水分が触媒となって高分子化が進行し、錨となる（図 14・3）。

天然接着剤

伝統的な接着剤は天然高分子を用いたものが多く、主体はデンプンとタンパク質である。障子張りや伝統工芸品の修復に用いられるフノリは、デンプンの例である。なお、「にべもなく断られる」などといわれる"にべ"はイシモチ科の魚のことであり、この魚の胃袋を煮溶かしたノリ（ニカワの一種）は接着力が強いことで知られている。

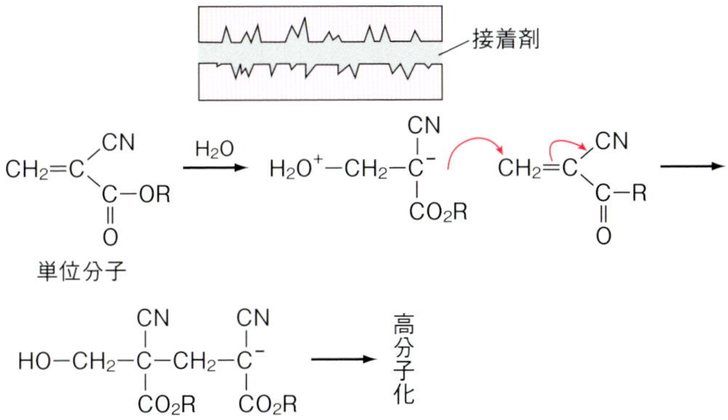

図 14・3　瞬間接着剤の接着機構

14・4　ガーデンで使うもの

園芸では殺虫剤、殺菌剤など、多種類の化学薬品を使うが、ここでは化学肥料に着目しよう。植物には**三大栄養素**というものがあり、それは窒素 N、リン P、カリウム K である。P は主にリン鉱石から採取し、K

化学肥料の恩恵
地球上に住む70億以上の人類がまがりなりにも食料を得ることができるのは、化学肥料のおかげということができよう。

空中窒素の固定
植物の中には根粒バクテリアによって空中窒素を固定しているものもある。全植物が1年間に固定するアンモニアの量と、ハーバー-ボッシュ法で人為的に固定する量はほぼ同じという試算がある。また、そのために要する水素ガスを電気分解で得たり、高温高圧の反応条件を実現させるために必要とされる電気エネルギーは、人類が使う総電力量の数%に達するといわれる。

アンモニア利用の二面性
アンモニアは、爆薬であるニトログリセリンやトリニトロトルエンの原料である。ハーバー-ボッシュ法で作られるアンモニアは、化学肥料として平和的に利用される一方、その一部は爆薬として戦場で使われている（☞ 2・5節参照）。

漆喰
日本の城郭や、土蔵の壁などに塗られる漆喰は、水酸化カルシウム $Ca(OH)_2$、炭酸カルシウム $CaCO_3$ などの混合物である。姫路城が白いのは漆喰が多用されているせいである。

姫路城（© 姫路市）

三和土
古い日本家屋の玄関や台所の土間に利用された三和土は、土、水酸化カルシウム、ニガリの三種の混合物を叩き締めて作ったものである。

は塩化カリウムから得る。

それに対してNの供給源は空気である。空気中の窒素分子は反応性の乏しい気体であり、そのままでは肥料にならない。気体の窒素を他の物質に変えることを空中窒素の固定という。これを工業的に成功させたのがドイツの二人の化学者ハーバーとボッシュであり、彼らの開発した方法を**ハーバー-ボッシュ法**という（☞ 2・5節参照）。

それは、窒素ガスと水素ガスを触媒存在下、数百℃の高温と数千気圧の高圧で反応させてアンモニア NH_3 を作るものである。その後、アンモニアを酸化して硝酸 HNO_3 とし、硝酸アンモニウム NH_4NO_3、硝酸カリウム KNO_3 などの化学肥料として利用するのである。

$$N_2 + 3H_2 \longrightarrow 2NH_3$$
$$NH_3 + 2O_2 \longrightarrow HNO_3 + H_2O$$
$$HNO_3 + KOH \longrightarrow KNO_3 + H_2O$$
$$\text{硝酸カリウム}$$
$$HNO_3 + NH_3 \longrightarrow NH_4NO_3$$
$$\text{硝酸アンモニウム}$$

14・5 家屋に使うもの

家屋には、木材、鉄材、瓦などの陶磁器、ガラス、アルミサッシのアルミなど、多種類の物質が使われる。

A コンクリート

鉄筋コンクリート造りのビルはもちろん、木造家屋もその基礎部分にはコンクリートを用いることが多い。コンクリートは現代の建築物に欠かせないものである。

コンクリートは、セメント粉と砂利、水の混合物、生コンクリートを放置して固化させたものである。コンクリートが固化するのは水が蒸発するからではなく、水をいわば接着剤として成分が固まるからである。生コンクリートを作るのに使った水は、ほとんど全てコンクリートの成分として半永久的に残る。なぜだろうか。

セメント粉は石灰岩と粘土を高温で焼いて粉砕したもので、主な成分は $CaSO_4$、CaO、$CaOSiO_2$ などである。これが水と反応することによって $2Ca(OH)_2$ や $3CaO \cdot 2SiO_2 \cdot 3H_2O$ などの水和物となり、分子間力で結合して強固なガラス状物質になるからである。

B 塗料

家屋の外壁は、装飾と保存を兼ねて塗料を塗ることがある。ペンキは顔料を有機溶剤で溶かしたものでコロイドの一種である（表14・1参照）。ペンキが濃すぎる場合に薄めて塗りやすくするために用いるのがシンナー（希薄剤）である。シンナーは各種の溶剤の混合物である。

C 消火器

家屋にとって怖いのは火災であり、それを消火するのが消火器である。消火器には多くの種類があるが、家庭用の消火器は粉末消火器が多い。消火器の内部に圧縮空気などとともに消火剤の粉末が入っており、レバーを握ると圧縮空気の圧力で粉末が飛散して消火する。

鉄骨建築の鉄骨には高分子の防火剤泡沫を塗布する。これは火災に遭うと、熱で炭化して難燃性になったうえに膨張して鉄骨を覆い、鉄骨が熱で軟化するのを防ぐ。

シンナー今昔
昔のシンナーには成分としてトルエンや酢酸エチルが使われることが多かったが、健康に良くないため、現在では家庭用のものには使われなくなった。

消火剤の成分
消火剤粉末にはリン酸二水素アンモニウム $NH_4H_2PO_4$ などが用いられる。テンプラ油などの火災には炭酸カリウム K_2CO_3 によるけん化（☞ 8・1節参照）が有効という。炭酸カリウムは、油脂をグリセリンと脂肪酸カリウム塩（セッケンの類似品）の固体にする。この固体が油の表面を覆って、油と酸素が反応するのを妨げる。

演習問題

14.1 シックハウス症候群はなぜ新築家屋で起きやすいのか？
14.2 密閉した室内でガスコンロを使うと危険なのはなぜか？
14.3 フライパンの柄はプラスチックなのに加熱しても軟らかくならないのはなぜか？
14.4 コロイドとは何かを説明し、例をあげよ。
14.5 豆乳にニガリを入れると豆腐ができるのはなぜか？
14.6 消しゴムで消えるボールペンの原理を説明せよ。
14.7 アク抜きの原理を説明せよ。
14.8 漆喰、三和土とはそれぞれ何か？
14.9 シンナーとは何か？ シンナー中毒とは何か？
14.10 テンプラ油の消火にはセッケン製造の原理を用いたものがある。その消火の原理を説明せよ。

第 15 章

環境は化学で成り立っている
— 化学からみた地球環境 —

　地球は直径約1万3千kmの球である。人間の生活圏は、最高がエベレスト頂上、最低がマリアナ海溝であり、上下約20kmである。これは、黒板にチョークで書いた直径1.3mの円を地球とすると、生活圏はわずか2mm、チョークの線の幅ほども無いことになる。これが地球環境である。このように狭隘な領域に70億以上の人間がひしめいているのである。よほど注意しないと、なにがしかの不都合が出るのも不思議ではない。このような不都合が環境問題である。化学は環境問題に対して何ができるのだろうか？

15・1　四大公害病

　事業活動などによって環境を害し、多くの人々に不都合が及ぶ現象を公害という。かつて日本には四大公害病と呼ばれるものがあった。

A　イタイイタイ病

　大正時代から起こっていた公害病であるが、原因が明らかになったのは1955年ごろである。富山県の神通川流域で起こった公害病であり、患者は骨がもろくなって折れやすくなり、そのために「イタイ、イタイ」と言い続けるという悲惨なものであった。原因は、神通川上流の岐阜県にある神岡鉱山であった。亜鉛採掘に伴って廃棄した鉱滓中のカドミウムが流域の土壌に浸出し、農作物に濃縮され、それを食べ続けた結果の被害であった。土壌汚染が明らかになった。

B　水俣病

　1956年に熊本県水俣市で発見されたものを第一水俣病、1965年に新潟県阿賀野川流域で起こったものを第二水俣病として、四大公害病のうちの二つとするが、内容は全く同じものである。

　患者は最初運動神経を冒され、平衡感覚が鈍るが、やがて神経系統全般に被害が及ぶ。害は胎盤を通して胎児にも及び、胎児性水俣病の例もある。

　原因物質はメチル水銀であり、工場がアセトアルデヒド合成の触媒である水銀廃液を放出したことによるものであった。廃液に含まれる水銀化合物は、プランクトン→小魚→中型魚→大型魚と、食物連鎖を経るうちに濃縮され（これを生物濃縮という）高濃度となり、最終摂取者で

🎧 カドミウムの利用
カドミウムは、現在では原子炉の中性子吸収材、あるいは太陽電池などに利用される化合物半導体の原料として重要な金属であるが、20世紀前半ごろまでは、メッキに利用される程度の金属であった。

🎧 神岡鉱山とカミオカンデ
神岡鉱山の採掘抗を利用したのが、素粒子の一種であるニュートリノの検出施設カミオカンデである。これを利用した研究で、小柴昌俊博士が2002年にノーベル物理学賞を受賞した。

☝ メチル水銀
単にメチル水銀という場合には、ジメチル水銀 $CH_3-Hg-CH_3$ とモノメチル水銀 CH_3-Hg-X（Xは塩素Clなどのハロゲン元素やヒドロキシ基OH）がある。水俣病の原因はモノメチル水銀といわれる。モノメチル水銀は生体に蓄積される性質がある。

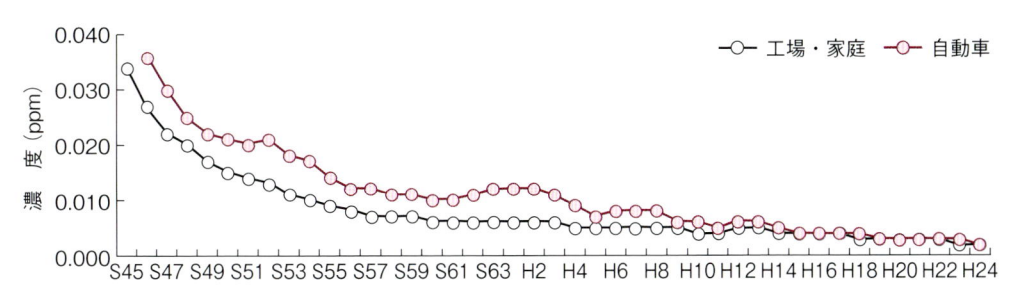

図 15・1　二酸化硫黄の環境中濃度の推移（環境省）

ある人間に多大な害を及ぼしたものであった。

C　四日市ぜんそく

1960 年代に三重県四日市市で発生した公害病である。症状はぜんそくであり、原因は当時発展した四日市コンビナート工場群から排出される排煙に含まれる硫黄酸化物 SOx（ソックス）であった。

SOx は石油などの化石燃料に含まれる硫黄の燃焼によって発生した。したがって対応は、① 石油から硫黄分を除く、② 排煙から SOx を除く、のいずれかであった。それぞれに対処する脱硫装置が開発され、両方がともに解決された（図 15・1）。

15・2　公害類似物質

公害ではないが、多くの人に害を与えた事件が知られており、その原因物質が製造、使用を制限されている事例がいくつかある。

A　PCB

Polychlorobiphenyl の頭文字をとったものであり、図 15・2 のような構造である。PCB は人工的に作られたもので、絶縁性が高いため、変圧器（トランス）に封入するトランスオイルの他、印刷インク、潤滑油などに多用された。優れた性質を持ちながら、熱、光、化学物質、全てに対して高い耐性を持ち、そのため一時は夢の化合物といわれた。

しかし 1968 年ごろ、日本で PCB を原因とする疾患が発見された。それはカネミ倉庫株式会社が販売した米ぬか油によるものであり、カネミ油症と呼ばれた。この疾患は、米ぬか油に事故によって混入した PCB によるものであった。これが原因となって PCB は製造使用が禁止された（図 15・3）。

生物濃縮
食物連鎖は、有害物質の濃度を、海中濃度の数万倍に高めることがあることが知られている。

脱硫装置と硫黄の利用
この方法の利点は、脱硫装置によって回収された硫黄分が、経済的に価値があるということであった。硫黄は硫酸 H_2SO_4 の原料であり、硫酸は各種化学産業の重要な原料である。そのため、化学工場では硫黄を硫黄鉱山から有料で購入していた。ところが、脱硫装置によって硫黄を無料で入手できることになった。硫黄を原料とする企業は硫黄を購入する必要が無くなり、硫黄を利用しない企業は硫黄を売却して利益を得ることができる。このような理由によって脱硫装置は広く普及した。

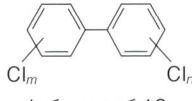

Cl_m　　　Cl_n
$1 \leq m+n \leq 10$

図 15・2　PCB の構造

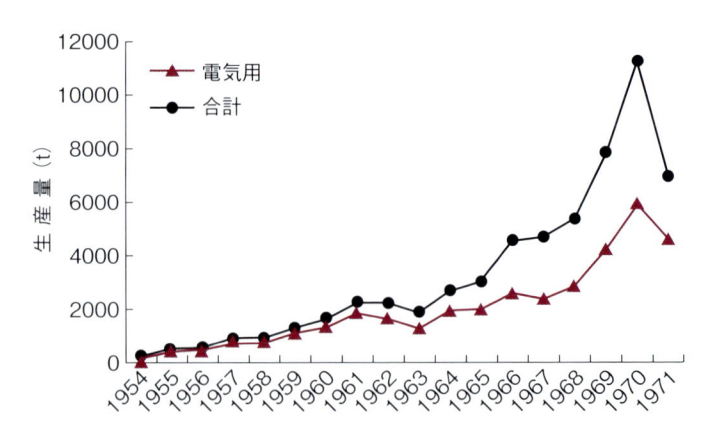

図 15・3 PCB の生産量の推移
平岡正勝「日本における PCB 処理の現状と将来動向」PCB に関する
国際セミナー（1996）より

有機塩素化合物
このように、塩素を含んだ有機物を一般に有機塩素化合物といい、有害な物質が多いことで知られている。また、一般に安定で分解されにくいので、いつまでも環境に留まって害を及ぼし続ける。DDT、BHC などの殺虫剤がよく知られている。

しかし、PCB は化学物質としてきわめて安定であるため、回収しても分解、無害化ができなかった。そのため、政府は各事業所に回収された PCB を、分解技術が開発されるまで、責任を持って保管することを要求した。このようにして現在に至った PCB の分解方法が、ようやく開発されたのである。それが 3・5 節で紹介した超臨界水である。

B ダイオキシン（図 15・4）

有機塩素化合物の一種であり、有害であるといわれる。天然にはほとんど存在しない化合物であり、塩化ビニルのような塩素を含む化合物が低温で燃焼するときに発生するといわれる。そのため、簡易焼却炉でごみを燃やすことは行われなくなり、自治体のごみ焼却炉の多くは、高温（800 ℃ 以上）で燃焼するように改修された。

$1 \leqq m+n \leqq 8$　　図 15・4　ダイオキシンの構造

C アスベスト

石綿（いしわた、せきめん）ともいわれ、鉱物の一種である。細い（直径 0.1 μm、毛髪の 5000 分の 1 程度）繊維状をしており、ほぐして綿状にすることも、織物に加工することもできる。そのため、断熱材、防火剤などとして多用された。

しかし、吸い込むと肺胞に刺さり、その状態で長時間経過すると、肺がんや中皮腫など深刻な疾病を引き起こすことが明らかとなった。アス

ベストを使用した建築物を壊すときには、アスベストが飛散しないように処置することが要求される。

D　スモッグ

スモッグは煙（smoke）と霧（fog）を重ねた造語であり、語源はイギリスである。すなわち、18 世紀に始まった産業革命によってイギリスで石炭の燃焼が急増した。それに伴って、前節で述べた SOx の発生量も激増し、それとイギリス、特にロンドン特有の霧が一緒になって発生した"黒い霧"をスモッグというようになった。

1952 年 12 月に起こった"ロンドンスモッグ事件"での死者は、5 日間に 4000 人、期間全体では 1 万人に達したといわれる。

E　PM 2.5

PM 2.5 の "PM" は、particulate matter（微粒子）の頭文字であり、2.5 は微粒子の直径が 2.5 μm、すなわち 1 mm の 1000 分の 2.5 であることを意味する。

すなわち、PM 2.5 はそれほど細かい粒子なのである。主な発生源は中国の石炭燃焼にあるといわれる。これが偏西風に乗って、あるいは黄砂に付着して日本に達して害を及ぼしているという。

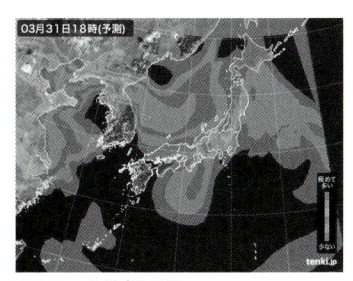

PM 2.5 の予報画面
（© 日本気象協会 tenki.jp）

15・3　オゾンホール

地球には宇宙のあらゆる方向から宇宙線が降り注いでいる。宇宙線には主に陽子、α 粒子、それと高エネルギー電磁波が含まれ、大変に有害である。もし、宇宙線がそのまま地表に達したら、地球上に生命体は存在できないといわれる。

にもかかわらず、多くの生命体が存在するのは、宇宙線を遮蔽するバリアーが地球を取り巻いているからである。これが、成層圏の一角をなす**オゾン層**（☞ 2・1 節 参照）であり、オゾン分子 O_3 からなる層である。オゾンは、宇宙線のエネルギーを吸収して酸素に分解されることによって、宇宙線のエネルギーを無にしている。

$$2O_3 \longrightarrow 3O_2$$

ところが、南極上空にオゾン層が無い部分、**オゾンホール**が現出したのである（**図 15・5**）。この穴から宇宙線が地球に降り注ぎ、その影響で皮膚がんや白内障が増えているという。調査によって、オゾンホールは**フロン**によって生成していることが明らかになった。そのため、フロ

公害の教訓

公害はその歴史を振り返ると、子供の反抗期のように、開発途上国が発達する過程で経験しなければならない通過儀礼なのかも知れない。しかし、イギリス、日本など、儀礼を通過した国がたくさんある。その教訓を生かしたいものである。

フロンガス

フロンは炭素 C、フッ素 F、塩素 Cl からなる分子で、自然界には存在しない合成物質である。沸点が低いので、エアコンの冷媒、スプレーの噴霧剤、さらには電子デバイスなど超精密機器の洗浄剤として多用された。

モントリオール議定書

1987 年に採択されたモントリオール議定書によって、フロンの製造、使用が限定された。

コラム　フロンによるオゾンの破壊

　フロンのオゾン破壊機構は次のようである。すなわち、フロンが宇宙線によって分解されて塩素ラジカル(塩素原子と同じもの)が発生し、これがオゾンを分解して酸素分子にするが、同時に発生するラジカル OCl· は2分子で反応してまた塩素ラジカルを生成し、これがまた次のオゾン分子を破壊する。このような繰り返し反応によって、1個の塩素ラジカル(結局は1個のフロン分子)が1万個以上ものオゾン分子を破壊するといわれる。

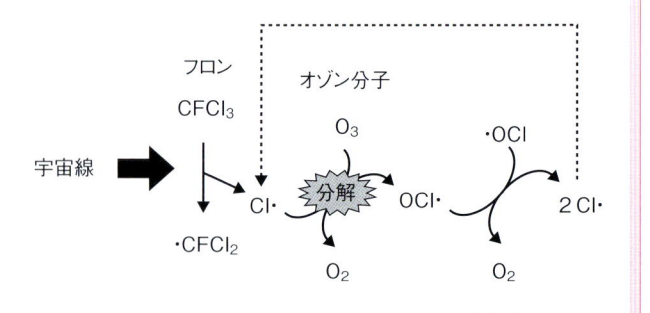

オゾン層は回復するか？
　フロンは重い(分子量が大きい)ので、地表からオゾン層に達するのに10年程度かかるといわれる。最近、北極上空で新しいオゾンホールが発見されたとの情報もあり、楽観は許されない。

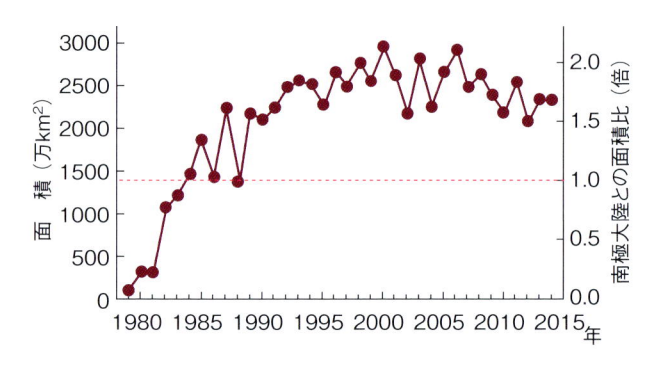

図15・5　オゾンホール面積の推移(気象庁)

ンの製造、使用が禁止されたので、近い将来、オゾンホールは消滅するものと期待されている。

15・4　地球温暖化

　地球の平均気温が上がっているという(図15・6)。このままいったら、今世紀末には地球の平均気温は3℃上昇し、それに伴う地上の氷の融解と海水の膨張によって、海面が50 cm上昇するという警鐘が鳴らされている。現に、南太平洋にある島嶼国家のツバルやキリバスでは、国土の消滅が危惧されている。日本でも沿岸部では同じことが心配される。

氷山が融けるとどうなるか？
海面に浮かぶ氷山が融けても海水面の高さに影響しないことは、水と氷の密度の違いを考えれば理解できるであろう。

A　氷河期と間氷期

　過去において地球は、寒い氷河期と、温暖な間氷期を繰り返してきた

図 15・6 世界の年平均気温偏差の推移（気象庁）

図 15・7 氷河期と間氷期

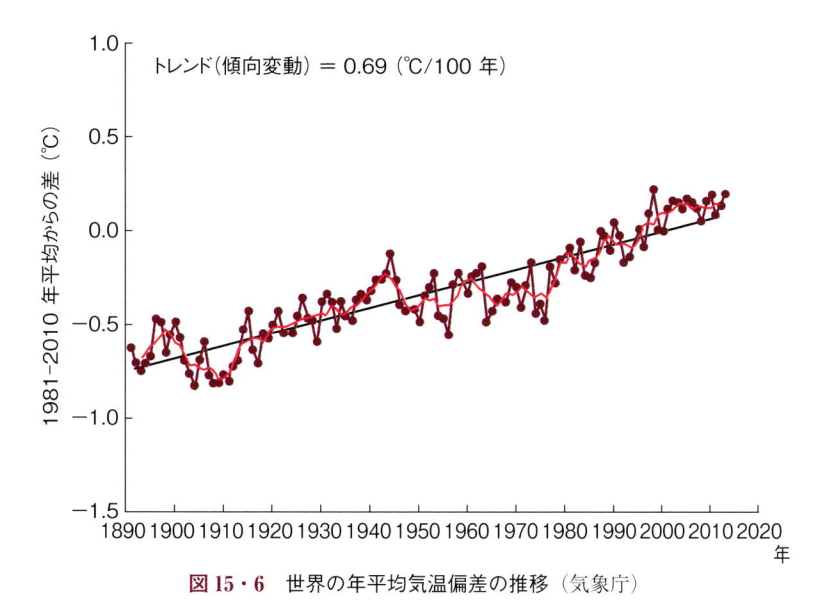

（図 15・7）。氷河期と間氷期の期間は一定ではなく、長いこともあれば短いこともある。最近の氷河期はヴュルム氷河期であり、5 万年ほど続いたが、長いものでは 15 万年も続いた例もある。現在は間氷期であり、すでに 1 万 5 千年ほど経過しているが、この期間がどれだけ続くのかは誰も予想できない。

もし間氷期が終わりに近づいているのなら、やがて地球の平均気温は下がり始めるだろうし、もし間氷期が始まったばかりなのなら、これからも気温は上昇を続けるだろう。もし前者だったら、現在の気温上昇は自然の大きな流れに逆らうものであり、由々しいことである。しかし、もし後者なら、人知の及ぶところではないということになりかねない。

B 二酸化炭素

現在の地球温暖化は、二酸化炭素の増加が原因であるとする説が有力である。二酸化炭素は熱を溜めこむ性質があり、このような気体を一般に**温室効果ガス**という。温室効果の程度を表す指標に、地球温暖化係数

石油燃焼により発生する CO₂

石油 20 L (重量約 14 kg) を燃焼したときの CO₂ 発生量を計算してみよう。石油は炭化水素であり、その分子式は $(CH_2)_n$ で近似され、分子量は $14n$ である。石油1分子が燃焼すると n 個の CO₂ が発生するが、CO₂ の分子量は 44 なので、その全分子量は $44n$ となる。すなわち、14 kg の石油が燃焼すると 44 kg の二酸化炭素が発生するのである。石油の重量の3倍である。30万トンタンカー1隻分の石油が燃えると 100 万トン近くの CO₂ が発生するのである。

二酸化炭素排出量の削減

地球大気に占める二酸化炭素の割合は、産業革命いらい、増加の一途をたどっている。これは自然現象に逆らうものである。そのため、二酸化炭素を地球温暖化の原因とする説に反対する研究者でも、二酸化炭素の削減そのものには賛成する人が多い。

平等院と酸性雨の関係

宇治平等院鳳凰堂の屋根に飾られていた一対の鳳凰の青銅像(写真)は、酸性雨による腐食を避けるため、屋内に隔離された。現在、屋根に飾られているのはレプリカである。

平等院の鳳凰像（平等院より許諾を得て掲載）

表 15・1 温室効果ガスの濃度と地球温暖化係数

物 質	化学式	分子量	産業革命以前濃度 (ppm)	現在濃度 (ppm)	地球温暖化係数
二酸化炭素	CO₂	44	280	390	1
メタン	CH₄	16	0.7	14.7	21
一酸化二窒素	N₂O	44	0.28	0.31	310
フロン	C, F, Cl				数百〜1万

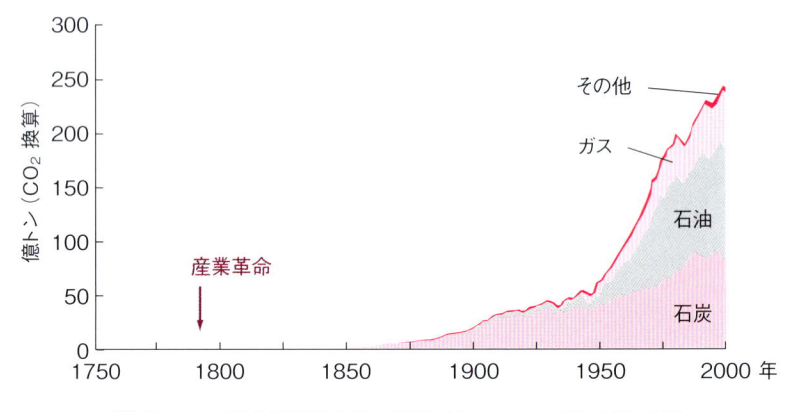

図 15・8　二酸化炭素排出量の推移（オークリッジ国立研究所）

というものがある。これは二酸化炭素を基準(1)としたもので、メタンは 21 であり、大きなものは1万に達するものもある (**表 15・1**)。

地球温暖化係数からいったら最低の部類に入る二酸化炭素が、なぜ温暖化の原因とされるのか？ それは、化石燃料の燃焼に伴って排出される量が莫大だからである (**図 15・8**)。

15・5 酸性雨

全ての雨は酸性である。中性の雨は存在しない。それは、雨は必ず大気中を通過して落下してくるからである。大気中には二酸化炭素が存在し、雨はそれを吸収する。二酸化炭素は酸性酸化物であり、水に溶けると炭酸 H₂CO₃ という、レッキとした酸になる。そのため雨は酸性になるのであり、その pH はおよそ 5.6 である。**酸性雨**というのは、これ以上に酸性の強い雨のことをいうのである (**図 15・9**)。

$$CO_2 + H_2O \longrightarrow H_2CO_3 \rightleftharpoons H^+ + HCO_3^-$$

酸性雨の原因は直接的には、酸性酸化物である SOx や NOx (**図 15・10**) である。したがって、これらを発生する化石燃料の燃焼が原因である。酸性雨の被害は金属を錆びさせるに留まらない。鉄筋コンクリート

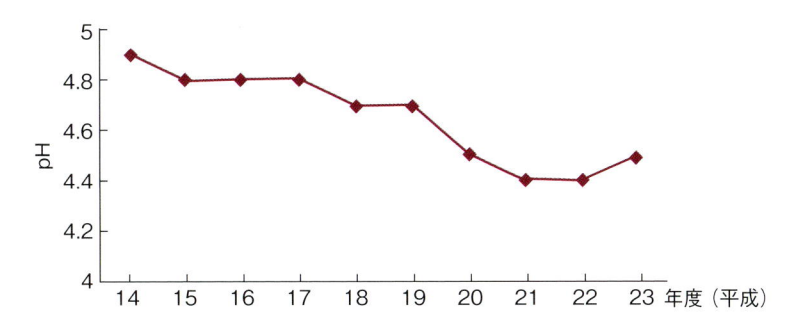

図 15・9 東京都渋谷区における降雨の水素イオン濃度の年度変化

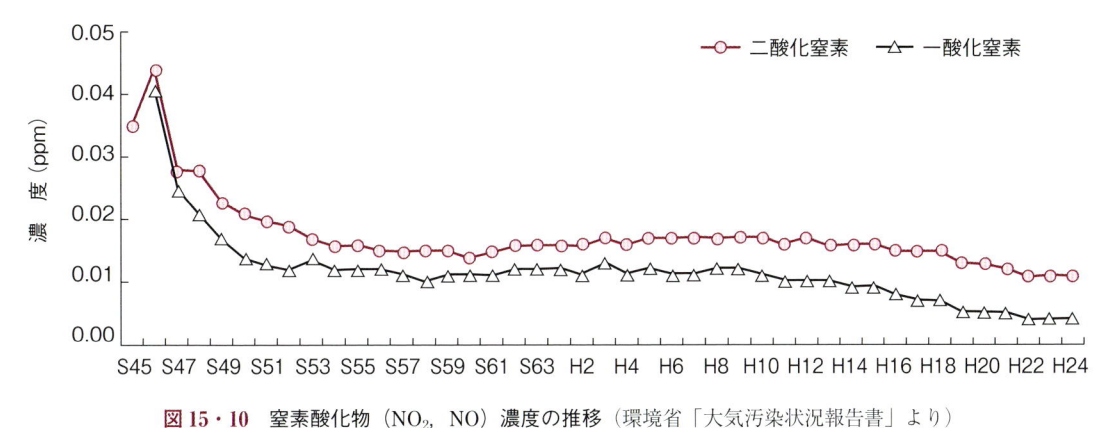

図 15・10 窒素酸化物（NO_2, NO）濃度の推移（環境省「大気汚染状況報告書」より）

の塩基性を中和して脆弱にし、内部に沁み込んで鉄筋を錆びさせて膨張させ、コンクリートを破壊する。

　中でも深刻なのは、森林を枯らして保水力を奪うことである（**図15・11**）。この結果、頻繁に洪水が起こり、肥沃な土壌が失われ、植物は生育することができなくなり、砂漠化につながるのである。

図 15・11 酸性雨による森林被害
村野健太郎『酸性雨と酸性霧』
（裳華房, 1993）より転載。

15・6 エネルギー問題

　現代社会はエネルギーの上に成り立っている。現在のところ、エネルギーの大きな源は、天然ガス、石油、石炭といった化石燃料の燃焼である。しかし、これには地球温暖化、酸性雨をはじめとした環境問題が付随し、そのうえ資源の枯渇という問題がある。**代替エネルギー**の探索は急務である。

　原子力の利用は有力な解決策の一つであるが、ロシアのチェルノブイリ、アメリカのスリーマイル島、日本の福島などで起こった事故は、原子力の危険性をまざまざと見せつけるものであった。

　現在模索されているのは、風力発電、地熱発電、潮力発電、太陽電池などの、再生可能エネルギーである。しかし、風力発電や太陽電池は天候に左右されて恒常性に欠ける。地熱、潮力は地形、地勢が鍵であり、どこでも可能というわけにはいかない。廃棄有機物を微生物で発酵させるなどのバイオマスエネルギーは有望ではあるが、大スケールにするのは難しい。

　というように、各種エネルギー源には一長一短があり、決定的な策は見出されていないようである。将来的には核融合エネルギーが実現するのだろうが、それも原子力である限り、危険が隣り合わせになる可能性がある。人類はまだまだ知恵を絞り続けなければならないようである。

地熱発電・潮力発電の難点
地熱発電は、地下に高熱が溜まっているところ、すなわち火山や温泉の地区でないと困難である。潮力発電は、適当な大きさの湾があり、しかも干満の高度差が大きくないと実現できない。

演習問題

15.1　四大公害病とは何か？
15.2　PCBとは何か？　その有効な分解法は何か？
15.3　アスベストとは何か？　それによって起こる病気の名称は何か？
15.4　オゾンホールとは何か？
15.5　温室効果ガスとは何か？
15.6　地球温暖化係数とは何か？　フロン、二酸化炭素の地球温暖化係数はそれぞれどれほどか？
15.7　酸性雨とは何か？　その原因は何か？
15.8　酸性雨によってもたらされる被害をあげよ。
15.9　化石燃料が持つ問題点をあげよ。
15.10　再生可能エネルギーが持つ問題点をあげよ。

演習問題解答

第1章 原子と分子が全てをつくる −原子の構造と化学結合−

1.1 原子：物質の最小単位。原子核と電子からなる。 分子：複数個の原子が結合してできた構造体。

1.2 原子：個数を数えることのできる物質。 元素：同じ原子番号を持った原子の総称。

1.3 原子は中心にある原子核とその周りを囲む電子からなる。原子核は陽子と中性子からなる。

1.4 原子番号が同じで、質量数の異なる原子。

1.5 イオン結合、金属結合、共有結合 など。

1.6 H：原子番号1、結合手1。C：6、4。N：7、3。O：8、2。

1.7 6×10^{23} mol^{-1}

1.8 H_2：2。N_2：28。O_2：32。H_2O：18。NH_3：17。CH_4：16。H_2CO：30。

1.9

水	アンモニア	メタン	エタン	エチレン	アセチレン
18	17	16	30	28	26
H–O–H	H–N(H)–H	H–C(H)(H)–H	H–C(H)(H)–C(H)(H)–H	H₂C=CH₂	H–C≡C–H

1.10 典型元素：周期表の1,2族および12〜18族の元素であり、族ごとに固有の性質を持つ。
遷移元素：上記以外の元素であり、族ごとの性質類似性は薄い。全てが金属元素である。

第2章 私たちは空気で囲まれている −気体の状態と性質−

2.1 窒素 ＞ 酸素 ＞ アルゴン ＞ 二酸化炭素

2.2 $373/273 = 1.37$ L。$273/373 = 0.73$ 倍。

2.3 10 L。0.1 倍。

2.4 22.4 L。

2.5 根粒バクテリアを持つマメ科の植物などは、自分で窒素ガスを用いてアンモニアを合成する。人類は次項のハーバー–ボッシュ法によって、空中窒素をアンモニアにする。

2.6 空気中の窒素と水素ガスから、触媒を利用して高温高圧でアンモニアを合成する方法。

2.7 地殻中に存在する元素は、ほとんど全てが酸化物となっているので、結果的に酸素の重量が多くなる。

2.8 飛行船用のガス。冷媒として超伝導体の実現に使用。

2.9 15個程度の水分子が水素結合することによってできたケージ構造の中に1個のメタン分子が閉じ込められた構造の分子。大陸棚の海底に存在する。将来の燃料として有望視される。

2.10 メタン、CH_4。

第3章 地球は水の惑星 −水の特性と物質の状態−

3.1 H_2O、18、H–O–H。

3.2 水分子においては電気陰性度の小さいHは＋、大きいOは−に荷電している。このため、2個の水分子の間で、互いのHとOの間に静電引力が働く。これを水素結合という。

3.3 固体（結晶）、液体、気体。

3.4 高圧のため、沸点が低くなるため。

3.5 融点が下がるので、0℃では液体となる。つまり氷が融ける。

3.6 超臨界水は液体と気体の中間のような状態である。具体的には有機物を溶かし、酸化作用が出る。

3.7 固体であるが結晶のような規則性を持たず、液体が流動性を失ったような状態。

3.8 金属は結晶化しやすい。そのため、アモルファス金属を作るためには熔融金属を急速に冷却しなければならないが、これが困難なため。

3.9 結晶の構成粒子が位置の規則性を失うが、方向の規則性は保った状態。そのため、分子は流動するが、全ての分子が一定方向を向いた状態。

3.10 液晶分子が結晶状態となり、モニターとしての規則性を喪失する。

第4章 炭が燃えると熱くなる －化学反応とエネルギー変化－

4.1 酸化される：酸化数が増えること。 還元される：酸化数が減ること。

4.2 還元される。

4.3 酸：H^+を出すもの。塩基：OH^-を出すもの。あるいはH^+を受け取るもの。

4.4 酸性：溶液中で中性溶液よりH^+が多い状態。 塩基性：中性溶液よりOH^-が多い状態。

4.5 酸性：pH 1。塩基性：pH 8。

4.6 反応に伴って出入りするエネルギー。

4.7 発熱反応：炭の燃焼。 吸熱反応：簡易冷却パック。

4.8 遷移状態：反応の途中に経過する高エネルギー状態。
活性化エネルギー：遷移状態に達するために必要なエネルギー。

4.9 反応は起こっているが、見かけの変化が無い状態。

4.10 反応の速度を変化させたり、普通では起こらない反応を起こすもの。

第5章 元素の80％は金属元素 －金属の多彩な性質－

5.1 金属光沢、電気伝導性、展性・延性。

5.2 金属イオンの周りを自由電子が取り囲み、金属イオンを結合するノリの役割をする。

5.3 自由電子が移動しやすいので。

5.4 電気伝導性無限大、電気抵抗0の状態。

5.5 青銅：銅＋スズ。真鍮：銅＋亜鉛。

5.6 比重が5より小さい。リチウム、ナトリウム、マグネシウム、アルミニウム、チタン。

5.7 水銀：神経毒。鉛：神経毒。カドミウム：骨を軟化する。

5.8 日本に少ない金属であり、47種の元素が指定されている。

5.9 周期表3族元素のうち、スカンジウム、イットリウム、ランタノイド元素、併せて17種をいう。レアアースはレアメタルの一種である。

5.10 金：約5000円。白金：約4500円。銀：約70円（2015年7月現在）。

第6章 有機物は炭素でできている －有機化学超入門－

6.1

単結合	二重結合	三重結合
H_3C-CH_3	$H_2C=CH_2$	$HC\equiv CH$

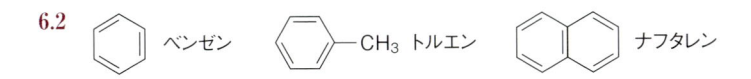

6.2　ベンゼン　　CH₃ トルエン　　ナフタレン

6.3　ダイヤモンド、グラファイト、フラーレン、カーボンナノチューブ。

6.4　CH₃−CH=CH₃　プロパン

6.5　CH₃−CH₂−OH　エタノール

6.6　CH₃CH₂−O−CH₂CH₃　ジエチルエーテル

6.7　CH₃−C(=O)OH　酢酸

6.8　1個の炭素にH、NH₂、COOHとともに適当な置換基が付いた化合物。

6.9　分子式が同じで構造式の異なるもの。
　　例　CH₃CH₂OH（エタノール）と CH₃−O−CH₃（ジメチルエーテル）

6.10　太古の生物の遺骸が炭化した物。石炭、石油、天然ガスなど。

第7章　生命体をつくるもの　−生体分子の世界−

7.1　自分を養い、再生できること。

7.2　細胞の中にある構造体の一つで、中にDNAが入っている。

7.3　単糖類：グルコース、フルクトース。　二糖類：スクロース、マルトース。
　　多糖類：デンプン、セルロース。

7.4　脂肪は脂肪酸とグリセリンからできたエステルである。

7.5　EPA（IPA）：イコサペンタエン酸：炭素数20個、二重結合数5個の不飽和脂肪酸。
　　DHA：ドコサヘキサエン酸：炭素数22個、二重結合数6個の不飽和脂肪酸。

7.6　β-シート構造とα-ヘリックス構造が組み合わさった構造である。

7.7　DNAは親細胞から娘細胞に遺伝されるもの。RNAはDNAを基にして娘細胞中で作られるもの。

7.8　4種の塩基、ATGCのうち、3種の組み合わせ（コドン）が特定のアミノ酸を指定する。

7.9　脂溶性ビタミン：水に溶けず、油に溶けるもの。ビタミンA, D, E, K。
　　水溶性ビタミン：油に溶けず、水に溶けるもの。ビタミンB, C。

7.10　特定の臓器で生産され、血流に乗って他の臓器に移動し、その臓器の機能に影響する物質。

第8章　シャボン玉のふしぎ　−分子膜のはたらき−

8.1　親水性部分と疎水性部分を併せ持った分子。洗剤はその例である。

8.2　強酸（硫酸類似体）と強塩基（水酸化ナトリウム）の塩であり、水に溶けても中性である。

8.3　両親媒性分子が集合して作った膜状物質。

8.4　上記の分子膜が二枚重ねになったもの。

8.5　図8・6参照。

8.6　水中の衣服の油汚れに多数の洗剤分子の親油性部分が結合し、集合全体として親水性の塊となって、水に溶け出す。

8.7　洗剤を用いる。水溶性汚れに洗剤の親水性部分が結合し、集合全体が親油性となって有機溶剤に溶け出す。

8.8　二分子膜にタンパク質などが挟みこまれたもの。

8.9　油脂分子に3か所あるエステル結合の一つが加水分解され、そこにリン酸がエステル結合したもの。

8.10　薬剤を患部に直接送り届けるもの。副作用が少なく、貴重な薬剤の節約にもなる。

第9章　私たちの食べているもの －食料品の化学－

9.1　どちらもグルコースを単位分子とする高分子であるが、デンプンはα-グルコース（ブドウ糖）、セルロースはβ-グルコースからできている。

9.2　アミロースは直鎖のラセン構造、アミロペクチンは枝分かれ構造。

9.3　2個のアミノ酸がペプチド結合（アミド結合）したものがジペプチド。多数個のアミノ酸がペプチド結合したものがポリペプチド。ポリペプチドのうち、再現性のある立体構造を持ち、さらに特定の機能を持ったものがタンパク質。

9.4　麹菌はデンプンを分解してグルコースにする。酵母はそのグルコースを分解してエタノールにする。

9.5　砂糖（スクロース）を加水分解したもので、グルコースとフルクトース（果糖）の1：1混合物。果糖の甘味が砂糖より強いので、転化糖全体としては砂糖より甘味が強くなる。

9.6　果物の甘味成分である果糖の甘味は、人間にとって低温の方が強く感じられるため。

9.7

アリルイソチオシアネート（ワサビ）

カプサイシン（トウガラシ）

9.8　イノシン酸（鰹節の旨味）、グアニル酸（シイタケの旨味）。

9.9　アスパルテーム。

9.10　それぞれ純度が異なる。純度の順位：氷砂糖＝グラニュー糖＞上白糖＞ザラメ＞黒糖。

第10章　毒と薬は同じもの？ －医薬品と毒物の化学－

10.1

10.2　アセチルサリチル酸。サリチル酸メチル。パラアミノサリチル酸。

10.3　細菌が分泌する物質で、他の細菌の生存を脅かすもの。

10.4　ある種の抗生物質に負けない性質を、突然変異的に獲得した細菌。対抗するためには新種の抗生物質を発見するのが根本的な解決策であるが、既存の抗生物質の分子構造の一部を変化させることも有効なことがある。

10.5　二重らせん構造を作る2本のDNA分子の間に架橋構造を作り、DNAの分裂複製を阻害する。

10.6　検体の50％が死ぬ量。LD_{50}が小さいほど強毒。

10.7　青酸カリ溶液は金、銀、白金などの貴金属を溶かす。そのため、貴金属の冶金やメッキに用いられる。

10.8　A＞B＞E＞D＞C。

10.9　水銀、鉛、タリウム。

第11章　プラスチックってなんだろう？ －高分子の化学－

11.1 プラスチックは高分子の一種類。

11.2 図 11・2 参照。

11.3 polyethylene terephthalate の頭文字。

11.4 合成樹脂：熱可塑性高分子鎖が不規則に集まったアモルファス。
合成繊維：熱可塑性高分子鎖が規則的に束ねられた集合体。

11.5 加熱しても軟らかくならず、しいて加熱すると焦げて燃える高分子。フェノール樹脂、ウレア（尿素）樹脂、メラミン樹脂。

11.6 エンジニアリング（工業用）プラスチックの略。高温に耐え、機械的強度が高い。ナイロン、ペット。

11.7 ケージ構造によって水分子を保持し、その水によって COONa 基を加水分解して COO⁻ 陰イオンとし、その静電反発によってケージ構造を拡大するため。

11.8 イオンを他のイオンに交換する高分子。陽イオンを交換するものと陰イオンを交換するものがある。

11.9 導電性高分子に加えたドーパント（不純物）が電子を吸収し、高分子中の電子数を少なくするので、静電反発が少なくなるため。

11.10 生物によって分解される高分子。環境に放置されると比較的短時間で消失する。当然、耐久性が低いということになる。

第12章　電気ってなんだろう？ － 発光と化学エネルギー －

12.1 Na＞Mg＞Al＞Zn＞Fe＞Pb＞Cu＞Ag＞Pt＞Au

12.2 燃料電池、太陽電池。

12.3 イオン化傾向が Zn の方が大きいため。

12.4 $2H_2 + O_2 \longrightarrow 2H_2O$

12.5 p 型半導体：シリコン（14 族元素）にホウ素（13 族元素）を混ぜたもの。
n 型半導体：シリコンにリン（15 族元素）を混ぜたもの。

12.6 セブンナイン（99.99999 %）という高純度を要求されるため。

12.7 食塩溶融電解：塩素ガス Cl_2 と金属ナトリウム。
食塩水電気分解：水素ガス H_2 と水酸化ナトリウム NaOH。

12.8 金。

12.9 図 12・9 参照。

12.10 発光物質：ルシフェリン。酵素：ルシフェラーゼ。

第13章　原子力と電力の関係って？ －原子力と放射線の化学－

13.1 放射性物質がピッチャー、放射線がボール、放射能はピッチャーの素質。

13.2 α 線、β 線、γ 線、中性子線。

13.3 2 個の小さい原子核が合体して大きな原子核になる反応。

13.4 大きな原子核が分裂して何個かの小さな原子核になる反応。

13.5 ^{235}U。0.7 %。
13.6 原子炉内の中性子の量を制御し、原子炉の出力を制御する。
13.7 中性子の飛行速度を落とし、^{235}U と反応しやすくする。水、重水、黒鉛。
13.8 ^{238}U と高速中性子の反応。
13.9 プルトニウムと ^{238}U の混合物を燃料として原子炉を稼働させると、プルトニウムから発生した高速中性子が ^{238}U をプルトニウムに換える。すなわち、非燃料の ^{238}U が燃料のプルトニウムに変換されることになって、燃料が最初より増えることになる。
13.10 核分裂反応を終えた原子炉燃料。核分裂生成物が強烈な放射線を出すため危険である。最終的な保管は方法、場所とも決まっていない。

第 14 章　家庭は化学実験室 －家庭の化学－

14.1 合板の接着剤などに含まれるホルムアルデヒドが沁み出すのがシックハウス症候群の原因である。建屋が古くなると、全てのホルムアルデヒドが沁み出し尽くしているので。
14.2 酸素不足のため、ガスが不完全燃焼して一酸化炭素が発生する。
14.3 熱硬化性高分子なので。
14.4 コロイドは溶液の一種であるが、溶質が分子の集合体であり、体積的に大きいことが特徴である。
　　例：牛乳、パン、ジャム、クリーム。
14.5 塩析による。
14.6 インクに色を消す成分が含まれており、高温になるとその成分が作用してインクの色を消す。専用の消しゴムは摩擦熱を発生するためのものである。
14.7 植物の灰には金属酸化物が含まれているので、それを溶かした灰汁は塩基性である。ここに植物を漬けると有毒物質（アク）が加水分解されて無毒となる。
14.8 漆喰：水酸化カルシウム、炭酸カルシウムなどの混合物。
　　三和土：土、水酸化カルシウム、ニガリなどの混合物。
14.9 シンナーは塗料などを薄めて塗りやすくする物。昔はトルエン、サクサンエチルなど有害な成分が含まれていた。それによる中毒をシンナー中毒といった。
14.10 油に炭酸カリウムを入れると両者の間で反応が起こり、液体の油が固体化して、燃えにくくなる。

第 15 章　環境は化学で成り立っている －化学からみた地球環境－

15.1 イタイイタイ病、四日市ぜんそく、第一水俣病、第二水俣病。
15.2 ポリ塩化ビフェニル。超臨界水による分解。
15.3 髪の毛の 1/5000 程度の細さの細長い鉱物の集合体。中皮腫。
15.4 南極上空のオゾン層のオゾンが破壊され、オゾン層に孔のあく現象。
15.5 地球大気を暖める効果のある気体。代表的なものは二酸化炭素。
15.6 地球大気を暖める効果を、二酸化炭素を 1 として相対的に表した指標。フロンの数値は数百から 1 万。
15.7 pH 5.6 より酸性の雨。主に SOx、NOx。
15.8 金属の錆び、コンクリートの劣化。湖沼の生物の被害。植物の枯死、それに伴う洪水、砂漠化。
15.9 資源量が有限である。燃焼して二酸化炭素、SOx、NOx など有害物を発生する。
15.10 一基当たりの発電量が少ない。天候に左右される（太陽光、風力）。適当な地形、地勢が少ない（潮力、地熱）。

索　　引

ア

RNA　57
ITO 電極　99
アクチノイド　6
アスピリン　78
アスベスト　120
アセチレン　8, 42
圧力容器　108
アボガドロ数　5
アボガドロ定数　5
アミノ酸　55
アミロース　70
アミロペクチン　70
アモルファス　22
アモルファス金属　22, 38
アルカリ　27
アルカン　44
アルキル化剤　81
アルキル基　44
アルキン　45
アルケン　44
アルコール　45
アルコール発酵　72
α 線　105
α-デンプン　71
アンフェタミン　85
アンモニア　8

イ

イオン化傾向　96
イオン化列　96
イオン結合　7
イオン交換樹脂　94
異性体　48
イタイイタイ病　118
一重結合　41
一酸化窒素　15

ウ

ウイルス　51
宇宙線　11

エ

エーテル　45
液晶　22
液晶モニター　23
エチレン　8, 42
n 型半導体　99
エリスロマイシン　80
LD_{50}　81
LB 膜　63
塩　26
塩基　26
塩基性　27
延性　33
塩析　113
塩素　16
エンプラ　88

オ

オゾン層　11, 121
オゾンホール　121
温室効果ガス　123

カ

カーボンナノチューブ　43
界面活性剤　62
化学結合　6
化学電池　96
可逆反応　29
核酸　57
覚醒剤　85
格納容器　108
核分裂反応　106
核融合　2
核融合反応　106
化合物　7
可採埋蔵量　49
化石燃料　49
活性化エネルギー　31
活性酸素　16
カドミウム　118
カナマイシン　80
カルボン酸　46
還元　26
還元剤　26
官能基　44
γ 線　105
甘味料　73

キ

気体分子の分子量　13
基底状態　102
希土類　38
機能性高分子　88, 93
吸熱反応　28
凝析　113
鏡像異性体　56
共役二重結合　43
共有結合　7
金属結合　34

ク

グラファイト　43
グルコース　53
グレッツェルセル　100

ケ

軽金属　36
蛍光灯　101
軽水炉　108
結合分極　19
欠乏症　58
ゲル　113
原子核　4
原子核反応　104
原子核崩壊　105
原子爆弾　106
原子番号　4
原子力発電　107
原子炉　108
減速材　108

コ

高温超伝導　35
抗がん剤　80
高級脂肪酸　54
高吸水性高分子　93
合金　36
合成ガス　17
合成甘味料　75
合成高分子　88
合成香料　75
合成樹脂　88
合成繊維　88, 91
抗生物質　79
酵素　31
高速増殖炉　109
高分子　88
酵母　72
コカイン　85
50 % 致死量　81
コデイン　85
コドン　57
ゴム　88
コロイド　112
コロイド粒子　113
コンクリート　116

サ

再生可能エネルギー　126
細胞　51
細胞膜　67
酒類　72
サプリメント　76
サリチル酸　78
サリチル酸メチル　79
サリン　84
酸　26
酸化　25
酸化剤　26
三重結合　42
酸性　27
酸性雨　124
酸素　15
三態　19
三大栄養素　15, 115

シ

シェールガス　16
脂質　54
漆喰　116
シックハウス症候群　92
実在気体　12
実在気体状態方程式　12
質量数　4
脂肪酸　54
周期表　5
重金属　36
重水炉　108

索引

重曹 112
自由電子 34
自由度 20
柔軟性結晶 23
重粒子線 105
瞬間接着剤 115
消火器 117
使用済み核燃料 108
脂溶性ビタミン 58
醸造酒 72
状態 19
状態図 20
状態方程式 12
蒸留酒 72
触媒反応 31
食品添加物 74
食物連鎖 118
親水コロイド 113
親水性 62
シンナー 117

ス

水銀灯 101
水成ガス 17
水素 14
水素イオン指数 27
水素結合 19
水素爆弾 106
水溶性ビタミン 58
スクロース 53
ストレプトマイシン 80
スモッグ 121

セ

制御材 107
青酸カリ 84,86
成層圏 11
生物濃縮 118
生物発光 102
生分解性高分子 95
絶縁体 35
セッケン 62
セルロース 54
遷移元素 6
遷移状態 30
洗濯 65

ソ

速度定数 28
疎水コロイド 113

疎水性 62
SOx 119
ゾル 113

タ

ダイオキシン 120
大気圏 11
ダイヤモンド 43
太陽電池 98
三和土 116
脱硫装置 119
多糖類 53
タリウム 83
炭化水素 44
単結合 41
単体 7
単糖類 53
タンパク質 55,71
単分子膜 63

チ

置換基 44
地球温暖化 122
地球温暖化係数 123
逐次反応 29
窒素 15
中間体 30
中性子 4
中性子線 105
中和 26
超新星爆発 2
超伝導 35
超伝導磁石 35
超分子 88
調味料 73
超臨界状態 21
超臨界水 21

テ

DNA 57
DDS 67
低級脂肪酸 54
テトラヒドロカンナビノール 85
テトロドトキシン 83
電気陰性度 18
電気抵抗 35
電気伝導性 35
電気伝導度 35
電気分解 100

電気メッキ 101
典型元素 6
電子 3
展性 33
天然ガス 16
天然高分子 53,88
デンプン 54,70

ト

同位体 4
透析 113
同族元素 33
同素体 7,43
導電性高分子 94
透明点 23
糖類 52
ドーパント 94
ドーピング 94
毒物 81
トランス脂肪酸 55
トリウム型原子炉 108
トリニトロトルエン 15

ナ

内部エネルギー 27
ナイロン 90

ニ

ニコチン 83
二酸化炭素 123
二重結合 42
二糖類 53
ニトログリセリン 15
二分子膜 63

ネ, ノ

熱可塑性高分子 88,92
熱硬化性高分子 88,92
燃焼 25
燃焼熱 28
燃料（原子炉の） 108
燃料電池 97
NOx 15

ハ

ハーバー-ボッシュ法 15
発酵食品 77
発光ダイオード 102

発熱反応 28
パラアミノサリチル酸 79
パリトキシン 83
半金属元素 33
半減期 29,105
半導体 35
反応エネルギー 27
反応速度 28
反応速度式 28

ヒ

pH 27
pn 接合面 99
PM 2.5 121
p 型半導体 99
PCB 119
光エネルギー 98
ヒ素 83
ビタミン 58
ビッグバン 2
漂白剤 111

フ

ファンデルワールスの式 12
VX 84
フェノール樹脂 88
フェロモン 59
不飽和脂肪酸 54
フラーレン 44
プラスチック 91
フリーズドライ 20
フルクトース 53
プルトニウム 109
フロン 121
分散質 113
分散媒 113
分子間力 19
分子膜 63
分子量 8

ヘ

平衡状態 30
平衡反応 29
β 線 105
β-デンプン 71
ベシクル 64
ペット（PET） 90
ペニシリン 80
ペプチド化 56

索　引

ヘリウム　14
ヘロイン　85
ベンゼン　8, 42

ホ

芳香族化合物　42, 48
放射性同位体　104
放射線　104
放射線ホルミシス　110
放射能　105
飽和脂肪酸　55
保護コロイド　113
ポリアミド　90
ポリエステル　90
ポリエチレン　88
ポリフェノール　46
ポリペプチド　56
ポリマー　88
ボルタ電池　96
ホルムアルデヒド　112
ホルモン　59

マ

麻薬　85
マルトース　53

ミ

ミー散乱　114
味覚センサー　68
水　8, 18
ミセル　64
ミトコンドリア　52
水俣病　118

メ

メタン　8, 41
メタンハイドレート　16
メタンフェタミン　85
メチル水銀　118

モ

モノマー　88
モル　5
モルヒネ　85

ユ

有機EL　102
有機塩素化合物　120
有機色素増感太陽電池　100
有機薄膜太陽電池　100
油脂　54, 71

ヨ

陽子　4
四日市ぜんそく　119

ラ，リ

ランタノイド　6

リシン　83
理想気体　12
律速段階　29
両親媒性分子　62
良導体　35
リン脂質　66

ル

累積膜　63
ルシフェラーゼ　102
ルシフェリン　102

レ

レアアース　38
レアメタル　38
励起状態　102
冷却材　108
レイリー散乱　114
劣化ウラン　107

著者略歴
齋藤勝裕
（さいとう かつひろ）

1945年　新潟県生まれ
1969年　東北大学理学部卒業
1974年　東北大学大学院理学研究科博士課程修了
　　　　名古屋工業大学工学部講師，同大学大学院工学研究科教授等を経て
現在　名古屋工業大学名誉教授　理学博士
専門分野：有機化学，物理化学，超分子化学

あなたと化学 ―くらしを支える化学15講―
―――――――――――――――――――――――――――――
2015年9月25日　第1版1刷発行
2018年2月15日　第2版1刷発行
2020年3月30日　第2版2刷発行

検印省略	著作者	齋藤　勝裕
	発行者	吉野　和浩
定価はカバーに表示してあります．	発行所	東京都千代田区四番町8-1 電　話　03-3262-9166(代) 郵便番号　102-0081 株式会社　裳　華　房
	印刷所	三報社印刷株式会社
	製本所	株式会社　松　岳　社

一般社団法人
自然科学書協会会員

JCOPY〈出版者著作権管理機構 委託出版物〉
本書の無断複製は著作権法上での例外を除き禁じられています．複製される場合は，そのつど事前に，出版者著作権管理機構（電話03-5244-5088，FAX 03-5244-5089，e-mail: info@jcopy.or.jp）の許諾を得てください．

ISBN 978-4-7853-3505-2

© 齋藤勝裕，2015　　Printed in Japan